RECHERCHES
SUR LES
COURBES
A DOUBLE COURBURE.

A PARIS,

Chez
NYON, Place Conty, au premier Pavillon des quatre Nations, à ſainte Monique.
DIDOT, Quay des Auguſtins, près le Pont ſaint Michel, à la Bible d'Or.
QUILLAU, rue Galande, près la Place Maubert, à l'Annonciation.

M. DCC. XXXI.

AVEC APPROBATION ET PRIVILEGE DU ROY.

PREFACE.

ES Courbes dont l'on traite dans cet Ouvrage ſont celles qui ne ſe peuvent décrire que ſur les ſurfaces des ſolides courbes, telles que ſeroient par exemple celles que l'on formeroit en faiſant tourner un compas ſur la ſurface d'un cylindre ou de telle autre ſurface courbe qu'on voudra. Perſonne que je ſçache n'a encore traité cette matiere ; Deſcartes eſt le ſeul qui m'ait paru avoir enviſagé ces ſortes de courbes. Ce qu'il en dit nous apprend ſimplement que pour les examiner, il faut abbaiſſer de tous leurs points des perpendiculaires ſur deux plans qui ſoient perpendiculaires l'un à l'autre & rapporter tous les points de ces courbes aux points de celles que l'on forme par ce moyen ſur ces deux plans.

J'ai ſuivi dans tout mon Ouvrage cette maniere de conſiderer ces ſortes de courbes, en les ſuppoſant toujours décrites dans un angle droit ſolide, à peu près de la même façon que le ſont les courbes ordinaires dans un angle droit plan.

J'ai appellé courbes de projections, les courbes formées par les perpendiculaires que l'on mene ſur les trois plans de cet angle ſolide, & j'ai regardé les équations de deux de ces trois courbes de projections priſes indiſtinctement, comme celles de la courbe que l'on ſe propoſe d'examiner, puiſqu'elles en peuvent déterminer tous les points, & enſuite j'ai donné des methodes générales pour faire trouver par le moyen de ces équations, les proprietés & affections de ces ſortes de courbes, comme les tangentes, les differentes perpendiculaires, les quadratures, les cubatures, rectifications, &c. & tout ce qui peut y avoir rapport comme on le peut voir par la diſtribution de l'ouvrage.

J'ai crû devoir appeller ces ſortes de courbes, courbes à double courbure, parcequ'en les conſiderant de la façon qu'on vient de dire elles participent pour ainſi dire toujours de la courbure de deux courbes, & c'eſt même le nom qu'on leur donne dans un memoire de l'Academie Royale des Sciences où on les propose comme un objet digne des recherches des Géometres.

Outre la maniere de considerer les courbes à double courbure en elles-mêmes par leurs équations, j'ai donné aussi celle de les considerer par rapport aux differentes surfaces courbes sur lesquelles on les conçoit décrites, & pour cet effet je donne le moyen de considerer ces surfaces courbes elles-mêmes, de la façon la plus générale qui est de les exprimer par des équations à trois variables.

Ces sortes d'équations facilitent beaucoup la recherche des proprietés des surfaces, & l'on s'en sert pour leur examen avec autant de succès que des équations à deux variables pour les lignes courbes.

J'avois entrepris il y a quelques années de donner au Public en même tems que cet Ouvrage un Traité de la maniere d'employer ces sortes d'équations, & je lus à l'Academie Royale des Sciences, au mois d'Avril 1728, une partie de ce que j'avois fait à ce sujet; mais le tems que j'ai vû qu'il falloit pour pousser plus loin mes recherches, m'a fait résoudre de donner premierement celles que j'avois faites sur les courbes à double courbure, & d'attendre quelque tems pour donner cette espece de Traité des surfaces courbes auquel celui-ci pourra préparer. Je ne crois point cette matiere moins neuve que celle des courbes à double courbure, & je ne sçai de connu sur ce sujet, que la façon d'exprimer les surfaces courbes par des équations à trois variables, dont j'ai appris qu'il étoit fait mention par occasion, dans un memoire du celebre M. Bernoulli inseré dans les Actes de Leypsic.

Je n'ai traité dans cet ouvrage que des courbes à double courbure Géometriques ; mais les méthodes que je donne ici se peuvent appliquer aux courbes à double courbure transcendantes dont les coordonnées sont perpendiculaires, au moins aussi facilement que l'on se sert pour les courbes planes transcendantes des methodes qui conviennent aux courbes planes Géometriques. A l'égard des courbes à double courbure, dont les coordonnées partent d'un point, ou dont les coordonnées representent des lignes courbes, elles demandent une methode particuliere, & peuvent fournir la matiere d'un autre Traité que je compte donner au Public, & dans lequel j'espere montrer quelle est l'utilité des courbes à double courbure, surtout des transcendantes, dans les Sciences Physicomathematiques.

APPROBATION.

J'AI lû par ordre de M. le Garde des Sceaux un Manuſcrit intitulé *Recherches ſur les Courbes à double courbure*, compoſé par M. CLAIRAUT. Ce Traité que les plus habiles Geometres de notre temps & des ſiecles paſſés ſe ſeroient fait honneur d'avoir compoſé, & qui eſt certainement l'Ouvrage d'un jeune homme de ſeize ans, qui dès l'âge de douze avoit déja donné des marques publiques de ſon habileté dans les Mathematiques, ne merite pas ſeulement d'être imprimé, mais d'être admiré comme un prodige d'imagination, de conception & de capacité. A Paris ce 3 Juin 1730.

J. DE MOLIERES.

EXTRAIT des Regiſtres de l'Academie Royale des Sciences, du 20 Août 1729.

MEſſieurs de Mairan & Nicole qui avoient été nommés pour examiner un Ouvrage de M. CLAIRAUT le Fils, intitulé, *Recherches ſur les Courbes à double courbure*, en ayant fait leur rapport, la Compagnie a jugé que cet Ouvrage contenoit beaucoup de choſes curieuſes & nouvelles ſur ces ſortes de courbes, & montroit non-ſeulement de l'invention dans l'Auteur, qui n'eſt âgé que de ſeize ans, mais encore beaucoup de connoiſſance du Calcul differentiel, & de l'Integral. Fait à Paris ce 23 Août 1729.

FONTENELLE, Sec. perp. de l'Ac. Roy. des Sc.

PRIVILEGE DU ROY.

LOUIS par la grace de Dieu, Roy de France & de Navarre, A nos amez & féaux Conſeillers les Gens tenans nos Cours de Parlement, Maîtres des Requêtes ordinaires de notre Hôtel, Grand Conſeil, Prévôt de Paris, Baillifs, Sénéchaux, leurs Lieutenans Civils & autres nos Juſticiers qu'il appartiendra, Salut. Notre bien-amé le Sieur CLAIRAUT Fils, Nous ayant fait ſupplier de lui accorder nos Lettres de permiſſion pour l'impreſſion *des Recherches ſur les Courbes à double courbure*, de ſa compoſition; Offrant pour cet effet de le faire imprimer en bon papier & beaux caracteres, ſuivant la feuille imprimée & attachée pour modele ſous le Contreſcel des Préſentes; Nous lui avons permis & permettons par ces Préſentes de faire imprimer ledit Ouvrage ci-deſſus ſpecifié en un ou plusieurs volumes, conjointement ou séparément, & autant de fois que bon lui semblera, sur papier & caracteres conformes à ladite feuille imprimée & attachée sous notredit Contrescel, & de le faire vendre & débiter par tout notre Royaume pendant le temps de trois années consécutives à compter du jour de la datte desdites Présentes; faisons défenses à tous Imprimeurs, Libraires & autres personnes de quelque qualité & condition qu'elles soient, d'en introduire d'impression étrangere dans aucun lieu de notre obéïssance, à la charge que ces Présentes seront enregistrées tout au long sur le Registre de la Communauté des Imprimeurs & Libraires de Paris, dans trois mois de la datte d'icelles: que l'impression de cet Ouvrage sera faite dans notre Royaume & non ailleurs, & que l'Impetrant se conformera en tout aux Reglemens de la Librairie, & notamment à celui du 10 Avril 1725: & qu'avant que de l'exposer en vente le Manuscrit ou Imprimé qui aura servi de Copie à l'Impression dudit Ouvrage sera remis dans le même état où l'Approbations y aura été donnée, ès mains de notre très-cher & feal Chevalier Garde des Sceaux de France, le Sieur Chauvelin: & qu'il en sera ensuite remis deux exemplaires dans notre Bibliothéque publique, un dans celle de notre Château du Louvre, & un dans celle de notredit très-cher & féal Chevalier Garde des Sceaux de France, le Sieur Chauvelin, le tout à peine de nullité des Présentes; du contenu desquelles vous mandons & enjoignons de faire joüir l'Exposant ou ses ayans cause pleinement & paisiblement, sans souffrir qu'il leur soit fait aucun trouble ou empêchement; Voulons qu'à la copie desdites Présentes qui sera imprimée tout au long au commencement ou à la fin dudit Ouvrage, foi soit ajoutée comme à l'Original: Commandons au premier notre Huissier ou Sergent de faire pour l'exécution d'icelles tous Actes requis & nécessaires sans demander autre permission, & nonobstant Clameur de Haro, Charte Normande, & Lettres à ce contraires: Car tel est notre plaisir. Donné à Paris le septiéme jour du mois de Juin l'an de grace 1730, & de notre Regne le quinziéme. Par le Roy en son Conseil. NOBLET.

Registré sur le Registre VII. de la Chambre Royale & Syndicale de la Librairie & Imprimerie de Paris N° 608. fol. 566. conformément au Reglement de 1723, qui fait défenses Art. IV. à toutes personnes de quelque qualité qu'elles soient, autres que les Libraires & Imprimeurs, de vendre, debiter & faire afficher aucuns Livres pour les vendre en leurs noms, soit qu'ils s'en disent les Auteurs ou autrement, & à la charge de fournir les Exemplaires prescrits par l'article CVIII. du même Reglement: A Paris le onze Juillet 1730. P. A. LE MERCIER, Syndic.

RECHERCHES SUR LES COURBES A DOUBLE COURBURE.

PREMIERE SECTION.

DE LA MANIERE DE CONSIDERER les Courbes à double Courbure.

DÉFINITION.

1 OIT une ligne courbe AM, avec son axe AP, ses appliquées PM sur un plan APM. Soient encore une infinité de perpendiculaires MN élevées des points M sur ce plan. Si l'on trouve sur ces MN les points N, en sorte que la rélation des AP aux MN, ou Fig. 1.

des MN aux PM soit exprimée par une équation quelconque passant le premier degré, tous ces points formeront une courbe à double courbure ANN.

COROLLAIRE I.

Fig. 2. 2. IL suit de là que si l'on éleve le plan QAR perpendiculaire au plan APM, dans la ligne AQ perpendiculaire à AP en A, & que l'on décrive dessus la courbe AV, dont l'axe soit AQ, A, l'origine des abscisses, & l'équation qui en exprime la nature, celle qui exprime la rélation des PM aux MN; la courbe à double courbure ANN sera la section de la surface élevée perpendiculairement au plan QAR sur cette courbe, c'est-à-dire composée de toutes les perpendiculaires NV à ce plan QAR sur les points V de la courbe AV, & de la surface élevée perpendiculairement au plan APM sur la courbe AM ou composée de toutes les perpendiculaires MN.

COROLLAIRE II.

Fig. 3. 3. IL suit encore que si l'on éleve aussi le plan RAP perpendiculaire au plan APM dans l'axe AP, & que l'on décrive dessus la courbe AS dont l'axe soit AP, A, l'origine des abscisses, & l'équation celle qui exprime la rélation de AP à MN; la section de la surface élevée perpendiculairement sur cette courbe AS, & de la surface élevée sur la courbe AM sera toujours la courbe à double courbure ANN, & par
* Fig. 4. consequent que les surfaces élevées sur les courbes * AV, AS se rencontrent encore dans la même courbe à double courbure.

COROLLAIRE III.

Fig 1. 2. 3. 4. IL est évident que si l'équation de la rélation de MN à PM est donnée, celle de la rélation de

MN à AP le sera aussi, supposant que l'on ait l'équation de la courbe AM ; & de même que si c'est celle de la rélation de MN à AP qui est donnée on aura facilement celle de PM à MN, ainsi deux des trois courbes AM, AV, AS étant données on connoîtra aussitôt l'autre. Il est clair aussi par conséquent qu'avec deux de ces courbes on peut toujours former la courbe à double courbure.

REMARQUE I.

5. PUISQUE deux de ces courbes peuvent déterminer tous les points de la courbe à double courbure, on peut regarder leurs équations comme celles qui expriment sa nature, c'est ce que l'on fera toujours dans la suite de cet Ouvrage, considerant une courbe à double courbure ANN par le moyen de deux de ces équations. Une seule de ces équations, par exemple celle qui renferme les deux variables AP, PM, n'exprime que la courbe AM en déterminant la longueur des appliquées PM selon les valeurs d'AP, mais les deux ensemble donnent encore les valeurs des MN qui déterminent les points N de la courbe à double courbure, & ainsi en expriment la nature. On peut remarquer que ces équations contiennent toujours à deux qu'elles sont, les trois variables AP, MP, MN, & qu'elles n'en ont chacunes que deux, sçavoir AP & PM, ou PM & MN, ou AP & MN. *Fig. 1.*

REMARQUE II.

6. IL est à remarquer que l'on pourroit bien exprimer de differentes façons une courbe à double courbure, mais il faudroit toujours se servir comme nous faisons de deux équations qui renfermassent trois variables, car une seule équation à deux variables ne suffiroit pas comme aux courbes ordi-

naires. Par exemple si l'on prenoit pour abscisses les arcs de la courbe AM & pour ordonnées les droites MN, on pourroit bien par le moyen d'une équation qui auroit ces deux variables, exprimer la courbe à double courbure, pourvû que l'on connût d'ailleurs cette courbe AM, & alors cette connoissance supposeroit encore une équation, ce qui en feroit donc deux. Si c'étoit les AP qui fussent les abscisses, & les droites PN tirées des points de l'axe AP aux points correspondans dans la courbe à double courbure, qui fussent les ordonnées, l'équation qui renfermeroit ces deux variables ne donneroit que la longueur de l'ordonnée PM sans donner la grandeur de l'angle NPM pour la placer, &c. Il est inutile de faire une plus grande explication de cela, on peut voir aisément que de quelque façon que l'on prît deux coordonnées pour une courbe à double courbure, on ne pourroit jamais déterminer la position de l'une par rapport à l'autre; il suffit seulement de dire que ce nom de courbes à double courbure n'est entendu que de celles qui ne peuvent pas être décrites sur un plan.

Fig. 5.

REMARQUE III.

7. SI l'on formoit une équation de celles de la courbe à double courbure, soit en les multipliant, soit en les ajoutant, &c. en sorte qu'elle renfermât à elle seule les trois variables AP, PM, MN, il est clair que cette équation pourroit exprimer tous ses points. Cependant on ne pourroit pas la considerer par cette seule équation, ni la décrire; car en même tems que cette équation l'exprimeroit elle en exprimeroit une infinité d'autres, toute équation à trois variables exprimant une surface, comme on le va démontrer dans le théorême suivant.

PROPOSITION I.

THEOREME.

8. *SOIT sur un plan* APM, *une ligne* APB *avec un point* A *dessus & une infinité de perpendiculaires* PM *sur chacune desquelles soient aussi une infinité de perpendiculaires* MN *au plan* APM, *si l'on a une équation qui renferme trois variables, dont la premiere exprime les lignes* AP *déterminées par le point* A, *& par les points de rencontre* P *de la ligne* APB, *avec les perpendiculaires* MP, *la seconde ces perpendiculaires* MP, *& la troisiéme les perpendiculaires* MN *au plan* APM. *Je dis que cette équation exprimera toujours une surface.* Fig. 63

DEMONSTRATION.

CAR donnant une valeur déterminée à la variable qui exprime les AP dans cette équation, elle n'aura plus que les deux variables PM & MN, & par consequent elle exprimera le lieu d'une ligne droite ou courbe GN, dont PM sera l'axe & PM, MN les coordonnées, & comme l'on peut donner autant de valeurs déterminées à la variable AP qu'il y a de points P dans l'axe APB, c'est-à-dire une infinité, il s'ensuit qu'il y aura aussi une infinité de lignes telles que GN infiniment proches les unes des autres, ou ce qui est la même chose une surface BGGNN dans laquelle elles sont toutes.

COROLLAIRE I.

9. AINSI comme une équation qui ne renferme que deux variables en exprimant une ligne, la fait aussi connoître avec ses proprietez, de même une équation à trois variables fera connoître la surface qu'elle exprime avec ses proprietez.

COROLLAIRE II.

10. SI l'équation à trois variables étoit du premier degré, la surface qu'elle exprimeroit seroit plane, car il est clair que toutes les suppositions de valeurs déterminées que l'on assigneroit à la variable AP, donneroient toutes des lignes droites GN qui auroient toujours la même inclinaison par rapport aux PM. Ainsi de même que les équations du premier degré à deux variables expriment des droites, de même celles qui en ont trois donnent des plans.

Fig. 7.

COROLLAIRE III.

11. ON verra aussi que de même que les équations à deux variables qui passent le premier degré, expriment toujours des lignes courbes, de même les équations à trois variables qui passent aussi le premier degré, expriment toujours des surfaces courbes, car toutes les differentes valeurs d'AP donneront des lignes GN ou droites ou courbes, si elles donnent des lignes courbes on ne peut pas douter que leur assemblage ne soit une surface courbe, si elles donnent des droites elles ne pourront pas toujours être également inclinées par rapport aux PM, car la variable AP devra passer alors le premier degré, & ainsi leur assemblage formera toujours une surface courbe.

REMARQUE I.

12. ON a vû (Art. 7. & 8.) que si des équations d'une courbe à double courbure, l'on en formoit une seule à trois variables, elle exprimeroit une surface sur laquelle elle pourroit être décrite. Ainsi si de ces équations l'on en pouvoit former une du premier degré, il est clair que cette courbe pourroit alors être

décrite ſur le plan que cette équation exprimeroit; & par conſequent elle ne ſeroit plus appellée à double courbure. * * Art. 6.

REMARQUE II.

13. SI des équations d'une courbe à double courbure on forme de differentes façons d'autres équations à trois variables, on exprime differentes ſurfaces dans leſquelles il eſt évident (7. & 8.) que l'on peut conſiderer également cette même courbe, qui par conſequent en ſera alors pour ainſi dire la ſection; d'où l'on voit en renverſant que lorſqu'une courbe à double courbure ſe trouvera la ſection de deux ſurfaces courbes données, l'on pourra former de ſes équations celles de ces ſurfaces courbes; & ainſi que pour trouver les équations d'une courbe à double courbure comme celle-là qui eſt la ſection de deux ſurfaces courbes données, il ne faut que tirer des équations de ces ſurfaces d'autres équations qui ne renferment chacunes que deux de leurs trois variables; c'eſt dont l'on traitera plus amplement dans un Problême de cette Section, auſſi-tôt que l'on aura donné la maniere de trouver les équations des ſurfaces courbes des ſolides les plus ſimples, ce que l'on croit devoir mettre abſolument ici tant pour le détail même de ce Problême que pour tout le reſte de cet Ouvrage.

DÉFINITION.

14. SOIENT nommez à preſent le plan APM, *Plan de la Baſe*, les variables AP, PM, MN, *les Coordonnées* tant de la ſurface courbe BGGNN, que de la Courbe à double courbure ANN; AP *l'axe des x*; AQ *l'axe des y*; AR *l'axe des z*, ſuppoſant que ces trois variables ſoient ainſi exprimées. Fig. 1. 2. & 5.

PROPOSITION II.

PROBLEME.

15. *SOIT proposé de trouver l'équation d'une Sphere, dont le centre soit* A, *& un diametre* CB *placé sur un plan donné de position* APM.

Fig. 8. Ayant pris un point quelconque N de la Sphere & en ayant abbaissé la perpendiculaire NM sur le plan donné APM de la base, du point M où elle le rencontre on menera une autre perpendiculaire MP au diametre CAB, ensuite nommant le rayon AB de la Sphere a; les variables AP, x; PM, y; MN, z; & tirant AN du centre A au point N cette ligne sera un rayon & sera par conséquent égale à a & à $\sqrt{AP^2+MN^2+PM^2}$ ou à $\sqrt{xx+yy+zz}$ l'on aura donc $a=\sqrt{xx+yy+zz}$ ou $aa=xx+yy+zz$, qui est l'équation cherchée de la Sphere.

PROPOSITION III.

PROBLEME.

16. *SOIT un Cône droit dont l'axe soit* AP *la pointe* A, *un plan passant par l'axe*, APME, *l'angle générateur* EAP, *on demande l'équation de sa surface.*

Fig. 9. Ayant pris aussi un point quelconque N sur cette surface on abbaissera de même la perpendiculaire NM sur le plan APME de la base & du point M où elle le rencontre, la perpendiculaire MP à l'axe AP, & l'on nommera aussi AP, x; PM, y; MN, z; Ensuite l'on verra que le rapport de AP à PE doit être constant pour que l'angle EAP le soit, ainsi on l'exprimera par celui de m à n, de sorte que $m . n ::$ AP (x) PE ($\frac{nx}{m}$) Puis tirant PN du point P au point N elle sera égale à PE ou à $\sqrt{MP^2+MN^2}$ ce qui donnera en termes analytiques $\frac{n}{m}x=\sqrt{yy+zz}$, ou $\frac{nn}{mm}xx=yy+zz$ qui est l'équation du Cône.

PROPOSITION

PROPOSITION IV.

PROBLEME.

17. *SOIT un paraboloïde dont le sommet soit* A, *l'axe* AP, APM *un plan passant par l'axe sur lequel est la parabole génératrice* AE *dont le parametre est* a, *on demande l'équation de ce paraboloïde.*

Soit pris comme dans les Problêmes précédens, un point N sur la surface, & soit abbaissé NM perpendiculaire à APM & MP à l'axe AP, & soit nommé APx, PMy, MNz, la proprieté de la parabole donnera PE^2 ou $PN^2 = AP \times a$, ou en mettant à la place de PN sa valeur $\sqrt{PM^2 + MN^2} = \sqrt{yy+zz}$, $yy+zz = ax$ qui est l'équation cherchée. Fig. 10.

Il seroit aisé d'avoir de même l'équation de l'ellipsoïde, de l'hyperboloïde, &c. mais il est plus à propos, ce me semble, de donner la maniere de trouver les équations des surfaces de circonvolution en général, c'est-à-dire des surfaces formées par la révolution d'une courbe quelconque autour d'une ligne droite.

PROPOSITION V.

PROBLEME.

18. *LA courbe* AE *étant donnée avec son axe* APB, *ses abscisses* AP x, *ses ordonnées* PE u, *il faut trouver l'équation de sa surface de circonvolution autour de l'axe* APB.

Prenant un point quelconque N dans cette surface on abbaissera MNz, PMy, comme ci-dessus, l'on prolongera PM en E, & l'on tirera PN, qui sera $\sqrt{yy+zz}$ égale à PEu, par le principe de circonvolution, ainsi ayant l'équation de la courbe génératrice AE exprimée en x & u, on y substituera à la place de u sa valeur

$\sqrt{yy+zz}$, & elle deviendra celle de la surface.

COROLLAIRE.

19. IL est évident que si l'on vouloit avoir l'équation de la surface d'un solide formé par la révolution d'une courbe autour d'une ligne autre que son axe, il n'y auroit qu'à trouver d'abord l'équation de cette courbe en prenant les abscisses x sur cette ligne, & les ordonnées u perpendiculaires, puis substituer de même dans cette équation, à la place de u, sa valeur.

EXEMPLE I.

20. SI l'on veut avoir l'équation de la surface formée par la circonvolution d'une parabole autour de sa tangente au sommet, il faut mettre dans son équation qui est alors $xx=au$ à cause que les ordonnées sont x, à la place de u, sa valeur $\sqrt{yy+zz}$, & l'on aura $xx=a\sqrt{yy+zz}$ ou $x^4=aayy+aazz$ qui est l'équation cherchée.

EXEMPLE II.

21. POUR avoir l'équation de la surface que l'on forme en faisant tourner une hyperbole équilatere autour d'une de ses asymptotes, on substituera dans l'équation $xu=aa$ de cette hyperbole, à la place de u, sa valeur $\sqrt{yy+zz}$ & l'on aura $x\sqrt{yy+zz}=aa$ ou $xxyy+xxzz=a^4$ pour l'équation de cette surface d'hyperboloïde.

EXEMPLE III.

22. SOIT la courbe AM une parabole ou une hyperbole d'un degré quelconque dont l'équation soit en général $u^m=x$, pour trouver l'équation de la surface de circonvolution autour de l'axe des x, il n'y

a donc toujours qu'à mettre pour u sa valeur $\sqrt{yy+zz}$, & l'on aura $\overline{\sqrt{yy+zz}}^{m}=x$ ou $\overline{yy+zz}^{\frac{m}{2}}=x$ ou $\overline{yy+zz}^{m}=xx$, qui sera ainsi l'équation de toutes les surfaces de paraboloïdes & d'hyperboloïdes en général selon que m sera positive ou négative.

Si l'on fait $m=3$ on a alors une premiere parabole cubique & l'équation $\overline{yy+zz}^{3}=xx$ ou $\overline{yy+zz}^{3}=a^4xx$, c'est-à-dire $y^6+3y^4zz+3z^4yy+z^6=a^4xx$ (en mettant a pour l'unité) pour l'équation du premier paraboloïde cubique sur l'axe.

Si l'on faisoit $m=\frac{3}{2}$ on auroit la deuxiéme parabole cubique & l'équation $\overline{yy+zz}^{\frac{3}{2}}=xx$, ou $\overline{yy+zz}^{\frac{3}{2}}=axx$, ou $y^6+3y^4zz+3z^4yy+z^6=aax^4$ pour celle de son paraboloïde.

Si l'on avoit fait $m=-2$ la courbe auroit été une hyperbole du troisiéme degré & elle auroit ainsi donné $\overline{yy+zz}^{2}=xx$ ou $\frac{a^6}{\overline{yy+zz}^{2}}=xx$ ou $a^6=xxy^4+2xxyyzz+xxz^4$ pour l'équation de son hyperboloïde.

Si l'on faisoit $m=\frac{1}{3}$ cela donneroit la premiere parabole cubique, mais dont l'axe des x ne seroit que la tangente & l'équation de son paraboloïde seroit $\overline{yy+zz}^{\frac{1}{3}}=xx$ ou $a^4yy+a^4zz=x^6$. On doit prendre garde que toutes les fois que m surpassera l'unité l'on aura des paraboloïdes sur l'axe, & que quand elle sera moindre ce sera des paraboloïdes sur la tangente.

EXEMPLE IV.

23. POUR avoir l'équation de la surface formée par la circonvolution d'un cercle dont le diametre soit $2a$, autour de sa tangente on mettra dans son équation qui est alors $2au-uu=xx$ à la place de u, $\sqrt{yy+zz}$ & l'on aura $2a\sqrt{yy+zz}-yy-zz=xx$ ou $4aayy$

$+4aazz=x^4+2xxyy+y^4+2xxzz+2yyzz+z^4$ pour l'équation de cette surface.

EXEMPLE V.

24. SOIT la courbe que l'on fait tourner, telle que son équation soit $2auu-xuu=x^3$ c'est-à-dire que ce soit une cissoïde, on propose de trouver l'équation de la surface du conoïde cissoïdal. Il n'y a alors qu'à mettre pour uu sa valeur $yy+zz$, & l'équation se changera en celle-ci $2ayy+2azz-xyy-xzz=x^3$ qui est celle de la surface.

EXEMPLE VI.

25. L'EQUATION de l'Ellipse étant $aa-xx=\frac{aa}{bb}uu$ l'équation de l'Ellipsoïde sur le grand axe sera $aa-xx=\frac{aa}{bb}yy+\frac{aa}{bb}zz$ supposant que c'est a qui est ce grand axe.

EXEMPLE VII.

26. L'HYPERBOLE ayant par rapport à ses axes $xx-aa=\frac{aa}{bb}uu$, elle donnera pour sa circonvolution c'est-à-dire pour l'hyperboloïde autour du grand axe, $xx-aa=\frac{aa}{bb}yy+\frac{aa}{bb}zz$.

PROPOSITION VI.

PROBLEME.

27. *SOIT sur un plan* BDG *la courbe* BD *dont l'axe soit* BG, B *l'origine des variables; & soit hors de ce plan un point donné* A, *duquel partent une infinité* Fig. 11. *de droites comme* AD *à la courbe; on demande l'équation de la surface du cône formé par toutes ces lignes* AD, *supposant que l'on ait celle de cette courbe* BD.

Ayant tiré la droite AB par A & par B, & une des droites AD par A & par un point quelconque D de la courbe, on prendra dessus cette ligne un point quelconque N qui sera en même tems de ceux de la surface, & l'on en abbaissera NM perpendiculaire au plan des lignes AB, BG, l'on menera ensuite AM qui rencontrera l'axe BG en G qui sera le point où tombera la perpendiculaire DG tirée du point D sur la base; on abbaissera MP, & GO perpendiculaires à AB, & on menera MK parallele à BG; enfin l'on tirera les lignes NK, BD. Cela fait on nommera AB, b; AP, x; PM, y; MN, z; BG & GD les coordonnées de la courbe BD, u, & s; l'on remarquera que la position du point A étant donnée l'angle CBA doit l'être aussi, ou ce qui est la même chose le rapport de BO à OG; on l'exprimera par celui de m à n, ainsi l'on aura $\sqrt{nn+mm} \,.\, m :: \text{BG}\,(u) \,.\, \text{BO}\,\left(\frac{mu}{\sqrt{nn+mm}}\right)$ & $\sqrt{nn+mm} \,.\, n ::$ BG (u). OG $\frac{nu}{\sqrt{nn+mm}}$, & à cause des triangles semblables BGO, KMP, AMK, ABG.

$n \,.\, m ::$ PM (y) PK $\frac{my}{n}$ & AK . MK :: AB . BG, ou en termes algebriques mettant pour MK sa valeur $\sqrt{\frac{mm}{nn}yy+yy}$, & pour AK sa valeur qui est supposant l'angle GBA aigu, $x+\frac{m}{n}y \,.\, x+\frac{m}{n}y \,.\, y\sqrt{\frac{mm+nn}{nn}} :: b \,.\, \frac{by\sqrt{\frac{mm+nn}{nn}}}{x+\frac{m}{n}y}$ valeur de BG, u

Ensuite les triangles semblables KMN BGD donneront KM $\left(y\sqrt{\frac{nn+mm}{nn}}\right)$. MN ($z$) :: BG $\left(\frac{by\sqrt{\frac{nn+mm}{nn}}}{x+\frac{m}{n}y}\right)$. DG $\frac{bz}{x+\frac{m}{n}y}$ valeur de s. Ainsi ayant l'équation de la courbe BDC exprimée en u & en s on mettra à la place de ces variables leurs valeurs $\frac{by\sqrt{mm+nn}}{nx+my}$ & $\frac{bz}{x+\frac{m}{n}y}$ & l'équation qui en proviendra sera celle que l'on cherche qui appartient à la surface courbe.

28. Dans cette solution on a supposé que l'angle GBO étoit aigu, ce qui a fait que AB=AO+OB; *Fig. 1[illegible].*

mais si l'angle GBO étoit obtus il est clair que AB seroit $=$AO$-$OB. Ainsi toute la difference qu'il y auroit dans ce cas c'est qu'il faudroit mettre dans les équations $s = \frac{bz}{x+\frac{m}{n}y}$ & $u = \frac{by\sqrt{\frac{mm+nn}{nn}}}{x+\frac{m}{n}y}$ à la place de $x+\frac{m}{n}y$, $x-\frac{m}{n}y$ ainsi ces équations deviendroient $s = \frac{bz}{x-\frac{m}{n}y}$ & $u = \frac{by\sqrt{\frac{mm+nn}{nn}}}{x-\frac{m}{n}y}$

COROLLAIRE.

29. S'IL arrivoit que l'angle fût droit il est clair que la valeur de m seroit nulle, ainsi les équations seroient alors $s = \frac{bz}{x}$ & $u = \frac{by}{x}$ qui sont fort simples.

REMARQUE.

30. ON tire de cette solution une proprieté commune à toutes les surfaces de cônes en général, qui est que leurs équations dont les coordonnées partent du pôle comme dans celle-ci n'auront jamais de parametre, j'entends par ce mot toute lettre constante dans une équation, qui exprime une ligne qui doit être absolument donnée pour la construction de l'équation comme le parametre dans la parabole, le rayon dans le cercle, &c. c'est-à-dire que s'il s'y rencontroit des constantes on n'auroit besoin de connoître que le rapport qu'elles auroient entr'elles, ou bien encore que tous les termes de ces équations renfermeroient des variables élevées toujours ensemble à un même degré comme dans l'équation $axy + bxz = cyy$ par exemple, &c.

DEMONSTRATION.

DANS l'équation de la courbe BD de la base, tous les termes doivent être du même degré, on les supposera au degré *m*; & l'on remarquera, 1°. Que tous les termes entierement constans ne changeront point par les substitutions des valeurs d'*u* & d'*s*, puisque ces variables n'y seront point. 2°. Que ceux qui auront des variables & des constantes, après les substitutions des valeurs de ces variables *u* & *s*, composées de la lettre *b*, multipliée par des rapports ou fractions variables, se trouveront des produits de constantes faisant ensemble le degré *m*, par des fractions ou rapports variables. 3°. Que les termes entierement composez de variables seront par consequent aussi composez de constantes au degré *m* accompagnées de rapports ou de fractions variables; ainsi il est clair que tous les termes seront composez de lettres connuës au degré *m*, multipliées par des variables au degré *m* aussi, quand l'on aura chassé les fractions; & alors divisant toute l'équation par b^m elle ne sera plus composée que de termes ne renfermant que des variables au degré *m* multipliées par des rapports ou fractions constantes. Les exemples éclairciront ceci davantage.

31. Voici presentement la démonstration de l'inverse qui est, *que toute équation à trois variables sans constante, ou dans laquelle tous les termes sont composez de variables au même degré, est toujours à une surface conique.*

Il est clair alors que si l'on donne une valeur constante à *x*, l'équation n'aura plus que deux variables, & qu'elle exprimera la courbe GN qui sera la section de la surface par un plan perpendiculaire à AP en P; & comme il n'y aura point de constantes dans l'équation de cette courbe que celle que l'on aura donnée pour la valeur d'*x*, il est clair que toutes les courbes comme GN que l'on aura formées en donnant ainsi des valeurs à *x* seront semblables; par consequent tirant une ligne quelconque AL sur la base & élevant des perpendiculaires au plan de la base APM des points L où cette ligne rencontre les appliquées PM, *Fig.* 13.

ces perpendiculaires LN ſeront proportionnelles aux parties AL, d'où il eſt clair qu'une ligne droite pourra paſſer par les points N & par A, c'eſt-à-dire que la ſurface ſera compoſée d'une infinité de lignes comme AN, ainſi on voit aiſément que les ſurfaces exprimées par des équations ſans parametres ſont des ſurfaces coniques de même que les équations à deux variables ſans parametre comme $x = 3y$, &c. expriment des lignes droites qui partent de l'origine des variables.

COROLLAIRE.

32. IL ſuit de cette ſeconde démonſtration que toute équation à trois variables ſans parametre qui ne montera qu'au ſecond degré, appartiendra à un cône circulaire, puiſque donnant une valeur conſtante à la variable APx, il en viendra alors un lieu géometrique pour la courbe PGN ſection du cône.

EXEMPLE I.

33. SOIT pour la courbe BD (de la figure 11.) un cercle dont le centre ſoit le point B, & ſoit le point A placé en ſorte que l'angle GBA ſoit aigu, on demande l'équation du cône qui aura A pour pôle & le cercle pour baſe.

L'équation de ce cercle eſt $ss + uu = aa$ mettant pour s ſa valeur $\frac{bz}{x + \frac{m}{n}y}$ & pour u la ſienne $\frac{by\sqrt{\frac{mm+nn}{nn}}}{x + \frac{m}{n}y}$ l'on aura

$$\frac{bbzz}{\overline{x + \frac{m}{n}y}^{2}} + \frac{bbyy \times \frac{mm+nn}{nn}}{\overline{x + \frac{m}{n}y}^{2}} = aa \text{ ou } bbzz + \begin{array}{l} \frac{bbmm}{nn} \\ + bb \\ - \frac{mm}{nn}aa \end{array} yy = aaxx + \frac{2aam}{n}xy,$$

qui eſt l'équation cherchée du cône circulaire oblique.

COROLLAIRE I.

COROLLAIRE I.

34. SI le point A avoit été tellement placé que l'angle GBA eût été obtus, il eſt clair que l'équation auroit été $aaxx - \frac{2aam}{n}xy = bbzz + \frac{bbmm}{nn}yy$
$$\begin{array}{r} + bb \\ - \frac{mm}{nn}aa. \end{array}$$

COROLLAIRE II.

35. ET s'il l'avoit été de façon que l'angle GBA eût été droit, on ſeroit tombé dans le cas qui a déja été trouvé à l'art. 16. où l'on a le cône droit, car la lettre m étant alors nulle, on auroit eu $aaxx = bbzz + bbyy$, ou $\frac{aa}{bb}xx = yy + zz$ qui revient au même que celle de l'art. 16.

EXEMPLE II.

36. LA courbe BD étant une parabole d'un degré quelconque, le point A étant tellement placé que l'angle GBA ſoit obtus, on demande l'équation du cône qui aura A pour pôle & la parabole pour baſe. *Fig. 12.*

On prendra l'équation de toutes les paraboles en général qui eſt $s^{r} = a^{r-1}u$, & l'on y ſubſtituera à la place de s & de u leurs valeurs qui ſont à cauſe de l'angle obtus, $\frac{bz}{x - \frac{m}{n}y}$ & $\frac{by\sqrt{\frac{mm-nn}{nn}}}{x - \frac{m}{n}y}$, ce qui donnera $\frac{b^{r-1}z^{r}}{a^{r-1}} = \sqrt{\frac{nn+mm}{nn}} \times y \times \overline{x - \frac{m}{n}y}^{\,r-1}$ qui eſt l'équation générale de tous les cônes paraboliques dont la baſe DBG fait un angle obtus avec l'axe AB.

COROLLAIRE I.

37. POUR avoir celle de tous les cônes paraboliques dont la baſe fait un angle aigu avec l'axe, *Fig.* 11. il faut mettre dans cette équation $-m$ à la place de m, & elle deviendra $\frac{b^{r-1}}{a^{r-1}} z^r = \sqrt{\frac{mm+nn}{nn}} \times y \times \overline{x+\frac{m}{n}y}^{r-1}$

COROLLAIRE II.

38. SI l'on veut avoir celle de tous les cônes paraboliques dont l'axe eſt perpendiculaire à la baſe, il n'y a qu'à faire évanouir m dans cette équation, & l'on aura $\frac{b^{r-1}}{a^{r-1}} z^r = y x^{r-1}$.

COROLLAIRE III.

39. SI au lieu de paraboles on avoit des hyperboles entre leurs aſymptotes, il eſt clair que toute la difference qu'il faudroit faire pour avoir l'équation des cônes qui les auroient pour baſes, ſeroit en ce que r ſeroit négative, ce qui donneroit $\overline{x+\frac{m}{n}y}^{r+1} = \frac{b^{r+1}}{a^{r+1}} z^r y \sqrt{\frac{mm+nn}{nn}}$ pour le cas où l'angle eſt aigu, $\overline{x-\frac{m}{n}y}^{r+1} = \frac{b^{r+1}}{a^{r+1}} z^r y \sqrt{\frac{mm+nn}{nn}}$ pour le cas où il eſt obtus, & $x^{r+1} = \frac{b^{r+1}}{a^{r+1}} z^r y$ pour le cas où il eſt droit.

EXEMPLE III.

40. SI l'on veut preſentement que la courbe BD ſoit une ellipſe ou une hyperbole par rapport *Fig. 11* aux diametres, d'un degré quelconque en général, on n'aura qu'à ſubſtituer dans l'équation générale $\frac{a s^{r+q}}{c} = u^r\, \overline{a \mp u}^{\,q}$ qui exprime toutes les ellipſes & les hyperboles à l'infini, à la place de u & de s leurs valeurs, & il viendra.

$$\frac{a n^r b^q z^{r+q}}{c\, \overline{mm+nn}^{\frac{r}{2}}} = y^r \times \overline{x \pm \tfrac{m}{n} y}^{\,q} \times \overline{a \mp \frac{by\sqrt{\frac{mm+nn}{nn}}}{x \pm \frac{m}{n} y}}^{\,q}$$

pour l'équation générale de tous les cônes elliptiques ou hyperboliques à l'infini, ſoit que l'angle GBA ſoit aigu ou obtus.

COROLLAIRE.

41. LORSQUE cet angle GBA ſera droit on aura $m = o$ & par conſequent $\frac{a}{c} b^q z^{r+q} = y^r x^q\, \overline{a \mp \frac{by}{x}}^{\,q}$ pour tous les cônes elliptiques & hyperboliques, dont les axes ſont perpendiculaires aux baſes.

Ayant ainſi donné les équations des ſurfaces ordinaires, on va revenir au problême qui a été promis à l'art. 14, *qui eſt de trouver la ſection de deux ſurfaces courbes en une courbe à double courbure; on s'appliquera enſuite à connoître & à décrire ces ſortes de courbes par le moyen de leurs équations, réſervant pour les autres ſections de cet ouvrage, la maniere de ſe ſervir de ces équations, pour en trouver toutes les dépendances, comme les tangentes, les rectifications, &c.*

DEFINITION.

42. SI de tous les points d'une courbe à double courbure, l'on abaisse des perpendiculaires sur un plan, elles formeront en le rencontrant une ligne courbe que l'on appellera la *Courbe de projection* de la courbe à double courbure sur ce plan; ainsi la courbe
* Fig. 1. AM* est la courbe de projection de la courbe à double courbure AN sur le plan de la base APM, la
* Fig. 2. courbe AV*, la courbe de projection sur RAQ que
* Fig. 4. l'on appelle ici *Plan des y & des z*; & la courbe AS* la courbe de projection sur le plan RAP qui est nommé *le Plan des x & des z*.

COROLLAIRE I.

43. IL suit de là que les équations d'une courbe à double courbure, sont celles de ses courbes de projection sur deux differens plans perpendiculaires l'un à l'autre.

COROLLAIRE II.

44. IL est clair aussi qu'une courbe à double courbure, de quelque façon que l'on en abaisse une projection, ne peut jamais donner une ligne droite; puisqu'alors elle seroit décrite sur le plan qui seroit formé par toutes les perpendiculaires de cette projection.

PROPOSITION VII.

PROBLEME.

45. *DEUX surfaces courbes ayant les mêmes axes, & les mêmes variables dans leurs équations, étant données, trouver la courbe à double courbure qui en est la*

ſection, c'eſt-à-dire dans laquelle une ſurface rencontre l'autre.

Le Problême ſe réduit à trouver deux des courbes de projection de cette courbe à double courbure cherchée, par exemple de trouver les courbes de projection ſur le plan de la baſe, & ſur le plan des y & des z; il ne s'agit pour cela que de former par le moyen des deux équations de ces ſurfaces courbes qui contiennent chacunes les trois variables x, y, z, deux autres équations qui n'ayent chacune que deux variables, ſçavoir la premiere les deux x, y, & la ſeconde les deux y, z.

Pour trouver ces équations on tirera la valeur de z de l'une des deux équations aux ſurfaces courbes, & on la ſubſtituera dans l'autre qui ne renfermera plus après que les deux variables x & y, & qui exprimera par conſequent la courbe de projection ſur le plan de la baſe; enſuite on prendra de même la valeur de x, dans l'une des deux équations des deux ſurfaces, & on la ſubſtituera dans l'autre équation, qui ne ſera plus compoſée que d'y & de z, & qui appartiendra par conſequent à la courbe de projection ſur le plan de ces deux variables.

46. Si l'on vouloit auſſi avoir la courbe de projection ſur le plan des x & des z, il n'y auroit qu'à prendre de la même façon la valeur d'y dans l'une des deux équations, & la ſubſtituer dans l'autre qui deviendroit par là celle que l'on auroit cherchée.

COROLLAIRE I.

47. S'IL s'agiſſoit ſeulement de trouver la courbe à double courbure qui ſeroit décrite ſur une ſurface courbe donnée, & dont la courbe de projection ſur le plan de la baſe ou ſur les autres plans, ſoit des y & des z, ou des z & des x ſeroit donnée auſſi; c'eſt-à-dire de trouver la courbe à double courbure qui ſe-

roit la ſection de cette ſurface par un cylindre élevé ſur cette courbe de projection; il eſt clair qu'il n'y auroit qu'à ſubſtituer la valeur d'une des deux variables de l'équation de cette courbe de projection, dans l'équation de la ſurface, ce qui feroit qu'elle ne ſeroit plus compoſée que de deux variables, & qu'elle ſeroit par conſequent à une des courbes de projection cherchée, qui avec la premiere, détermineroit la courbe à double courbure que l'on auroit demandée. Tout ce que l'on vient de dire dans cette propoſition & dans ce corollaire ſera éclairci par les exemples ſuivans.

REMARQUE.

48. SI lorſque l'on a une ſurface courbe & une courbe à double courbure, qui ont les mêmes coordonnées, on vouloit ſçavoir ſi la courbe à double courbure étant décrite, ſe trouve ſur la ſurface, il n'y auroit qu'à voir ſi l'une des équations de ſes courbes de projection, étant ſubſtituée dans l'équation de la ſurface, il en peut venir les équations de ſes deux autres courbes de projection.

COROLLAIRE II.

49. DE-là ſuit aiſément la maniere de trouver ſi une certaine courbe qui paroît à double courbure, n'eſt que ſimple ou plane, car il n'y a qu'à prendre l'équation du premier degré à trois variables la plus compoſée, qui exprime un plan quelconque, & voir ſi en y ſubſtituant l'équation d'une des courbes de projection de la courbe qui paroît à double courbure, il en peut venir celles des autres courbes de projection, ou bien des équations qui s'y puiſſent réduire en changeant les valeurs des lettres conſtantes de l'équation générale du premier degré.

EXEMPLE I.

50. SOIT proposé de trouver la courbe à double courbure qui est la section d'un paraboloïde & d'un cône droit qui a le même sommet, mais dont l'axe est perpendiculaire au sien. Il faut d'abord trouver les équations de leurs surfaces, en considerant que l'axe des x soit celui du paraboloïde, l'axe des y celui du cône, & par consequent l'axe des z celui qui lui est perpendiculaire dans leur point de rencontre; l'équation du paraboloïde a déja été trouvée $ax = yy + zz$, à l'article 17, & celle du cone sera $\frac{nn}{mm} yy = xx + zz$ au lieu de $\frac{nn}{mm} xx = yy + zz$ comme elle avoit été trouvée à l'article 16, parceque les x sont presentement à la place des y & les y à la place des x.

En prenant la valeur de zz dans l'équation $ax = yy + zz$, & la substituant dans l'équation $\frac{nn}{mm} yy = xx + zz$, on aura l'équation $\frac{nn + mm}{mm} yy = ax + xx$ qui donne une hyperbole pour la courbe de projection de la courbe à double courbure sur le plan de la base. On trouvera la courbe de projection sur le plan des x & des z, en prenant & substituant de même la valeur de yy, ce qui donnera l'équation $\frac{nn}{mm} ax - xx = \frac{nn + mm}{mm} zz$ qui montre que cette courbe de projection est une ellipse.

EXEMPLE II.

51. SOIT demandé la courbe à double courbure, qui est la section d'un ellipsoïde & d'un cylindre elliptique élevé perpendiculairement sur une ellipse sous double de la génératrice, & placée tellement que son centre soit autant éloigné de celui de l'ellipsoïde, que de l'extremité du grand axe.

On a trouvé que l'équation de l'ellipsoïde en prenant les x depuis le centre & en supposant $2a$, & $2b$, les axes de son ellipse génératrice étoit $aa - xx = \frac{aa}{bb} yy + \frac{aa}{bb} zz$.

ainſi il n'y a qu'à ſubſtituer dans cette équation celle de l'ellipſe, & l'on aura les équations des courbes de projection de la courbe à double courbure.

Il eſt évident que l'équation de cette ellipſe doit être $ax - xx = \frac{aayy}{bb}$ puiſque l'origine des x eſt le commencement de ſon grand axe qui eſt a, & le petit b; mettant donc dans l'équation de l'ellipſoïde à la place de $\frac{aayy}{bb}$ ſa valeur $ax - xx$ que cette équation donne, on aura $aa - ax = \frac{aa}{bb} zz$ qui donne une parabole dont le parametre eſt $\frac{bb}{a}$, & le ſommet diſtant de a de l'origine des x, pour la courbe de projection ſur le plan des x & des z.

Ainſi la courbe à double courbure eſt celle qui a ces deux courbes de projection, l'ellipſe $ax - xx = \frac{aa}{bb} yy$, & la parabole $bb - \frac{bb}{a} x = zz$.

EXEMPLE III.

52. SOIT un paraboloïde & un cylindre parabolique élevé perpendiculairement ſur une parabole égale à la génératrice & ayant le même ſommet, mais dont l'axe ſoit perpendiculaire au ſien, on demande la courbe à double courbure qui eſt la ſection de leurs ſurfaces.

L'équation du paraboloïde eſt $ax = yy + zz$ & il eſt clair que celle de cette parabole ſera $ay = xx$, ainſi tirant la valeur de x de cette derniere équation & la ſubſtituant dans l'autre on aura $ay^3 = y^4 + 2yyzz + z^4$ qui eſt l'équation de la courbe de projection ſur le plan des y & des z.

La courbe à double courbure eſt donc celle qui a pour courbe de projection ſur le plan de la baſe, une parabole dont l'axe eſt celui des y, & pour courbe de projection ſur le plan des y & des z, celle que l'on vient de trouver; ſi l'on veut avoir celle qui eſt ſur le plan des

des x & des z il n'y a qu'à mettre dans l'équation du paraboloïde, à la place de yy sa valeur $\frac{x^4}{aa}$ & l'on aura $x^4 + aazz = a^3 x$.

EXEMPLE IV.

53. SOIT une surface courbe telle que l'équation qui exprime la rélation de ses trois coordonnées les unes aux autres, soit $y^3 = zxx$, & soit une autre surface ayant les mêmes axes & dont l'équation soit $xy = az$, on demande quelles sont les équations de la courbe à double courbure qui seroit la section de ces deux surfaces.

On prendra d'abord la valeur de z dans la seconde équation qui sera $\frac{xy}{a}$, & on la substituera dans la premiere, qui deviendra $y^3 = \frac{x^3 y}{a}$ ou $x^3 = ayy$ qui est l'équation de la courbe de projection de la courbe à double courbure sur le plan de la base.

On prendra ensuite la valeur de x, qui sera $\frac{az}{y}$ dans la même équation, & la substituant de même, il viendra $y^3 = z \times \frac{a^2 z^2}{y^2}$ ou $y^5 = aaz^3$ pour l'équation de la courbe de projection de la courbe à double courbure sur le plan des y & des z.

Si l'on vouloit aussi avoir celle de la projection sur le plan des x & des z, on prendroit encore de même la valeur de y, & en la substituant on auroit $\frac{a^3 z^3}{x^3} = zxx$, ou $a^3 zz = x^5$.

EXEMPLE V.

54. SOIT une surface courbe qui ait pour équation $y^3 = zxx - xxy$, & soit une parabole sur le plan de la base ayant pour axe celui des y, & pour som-

met l'origine des x, & par consequent pour équation $ay = xx$, on demande la courbe à double courbure formée par le cylindre élevé perpendiculairement sur cette parabole, en rencontrant la surface courbe.

Il n'y a qu'à mettre dans l'équation $y^3 = zxx - xxy$ pour xx sa valeur ay, & elle deviendra $y^3 = zay - ayy$ ou $yy = az - ay$ qui appartient à la courbe de projection sur le plan des y & des z, & qui avec l'autre équation $ay = xx$ exprimera la courbe à double courbure.

On voit aisément que cette seconde courbe de projection est encore une parabole, mais dont le sommet n'est pas dans l'origine des variables.

Si l'on vouloit avoir aussi l'équation de la courbe de projection sur le plan des x & des z il faudroit prendre la valeur de y dans l'équation $ay = xx$ qui seroit $\frac{xx}{a}$ & la substituer dans l'autre équation afin d'avoir $\frac{x^6}{a^3} = zxx - \frac{x^4}{a}$, ou $x^4 + aaxx = a^3z$.

PROPOSITION VIII.

PROBLEME.

Fig. 14. 55. *LES Equations des courbes de projection d'une courbe à double courbure, sur les trois plans, de la base, des* y *& des* z, *& des* x *& des* z, *étant données, décrire par leur moyen cette courbe à double courbure.*

Pour résoudre ce problême, il ne faut que bien examiner la premiere définition, où l'on a expliqué la maniere dont se forment tous les points d'une courbe à double courbure, & alors l'on en tirera aisément la méthode que l'on va expliquer ici.

L'Equation de la courbe de projection AM sur le plan de la base étant donnée, on décrira d'abord cette courbe sur un plan, & ensuite sur cette courbe comme base on élevera perpendiculairement une surface comme une espece de cylindre, sur laquelle on décrira la courbe à double courbure par plusieurs points, à la façon des courbes simples ; ce qui se fera en tirant beaucoup d'ordonnées PM à l'axe AP, très-proches les unes des autres, en élevant de leurs extremitez M des perpendiculaires MN au plan de la base, & en déterminant ces MN par le moyen de l'équation qui exprime la rélation des PM, y, aux MN, z, ou par celle qui exprime la rélation des AP, x, aux MN, z, ce qui formera un grand nombre de points N, par lesquels on fera passer la courbe à double courbure. Il est aisé de voir que pour déterminer à chaque point M la longueur de l'ordonnée MN, par le moyen de ces équations, il n'y a qu'à y substituer à la place de x si c'est la premiere, ou de y si c'est la seconde, les valeurs que ces variables ont au point M, ce qui rendra alors l'équation déterminée, n'ayant que la variable MN, z, dont on pourra donc trouver aisément la valeur.

On pourroit aussi si l'on vouloit décrire la courbe à double courbure, sur la surface élevée perpendiculairement sur la courbe de projection sur le plan des y & des z, en déterminant les x par le moyen des y & des z. On pourroit de même la décrire sur la surface élevée perpendiculairement sur la courbe de projection des x & des z, en déterminant les y par les x & les z.

Il est clair que si une certaine valeur donnée à x ou à y rendoit la valeur de z imaginaire, cela marqueroit que la courbe à double courbure ne passeroit pas par la ligne MN où x ou y auroit eu cette valeur ; & si cette valeur donnoit au contraire une valeur vraie, mais negative, il est évident qu'il la faudroit mettre en dessous du plan de la base APM.

EXAMENS,

De quelques courbes à double courbure par le moyen de leurs équations.

I.

56. SOIT proposé d'examiner la courbe à double courbure, dont les équations sont $ax=yy$ & by
Fig. 15. $=zz$, c'est-à-dire dont les courbes de projection sont, sur le plan de la base une parabole AM, dont le sommet est A, l'axe AP, & le parametre a, & sur le plan des y & des z, une autre parabole AV dont le sommet est aussi A, l'axe AQ, & le parametre b.

On commencera par tirer de ces deux équations, celle de la courbe de projection sur le plan des x & des z, qui sera $abbx=z^4$ ce qui donnera la valeur de $z=\sqrt[4]{abbx}$, on trouvera en même tems la valeur d'y qui sera $\sqrt{ax}$.

Faisant ensuite $x=o$, on a y & $z=o$, ce qui fait voir que la courbe à double courbure passe au point A. Donnant après differentes valeurs en augmentant à x, on en trouvera toujours aussi pour y & pour z qui iront de même en augmentant, & qui feront voir que la courbe à double courbure monte toujours & s'étend jusqu'à l'infini, ce qui se pourroit voir aussi en faisant $x=\infty$ qui donne $z=\sqrt[4]{abb\times\infty}$.

Il est clair que la courbe à double courbure a deux parties AN, An, toutes deux décrites sur la partie de surface cylindrique élevée sur la demi-parabole AM.

REMARQUE.

Fig. 16. 57. SI l'on prend les points F & C sur l'axe AP, en sorte que AF & AC soient égales chacunes à $\frac{1}{4}a$, que l'on éleve la perpendiculaire CO à l'axe AP dans le plan de la base APM, & que l'on tire les lignes FM, FN, OM, ON du point F, & du point O, (où CO =PM) aux points N & M, il est clair à cause que F est alors le foyer de la parabole AM, que les lignes FM, OF seront égales, & par conséquent que les lignes NO, OF le seront aussi, & que cette proprieté sera commune à toutes les courbes à double courbure qui seront décrites comme AN, dans la surface RAMN élevée perpendiculairement sur la parabole AM, ce qui pourra donner une construction facile de ces courbes, sur le cylindre élevé sur la courbe de projection des y & des z.

II.

58. SOit à present $ax=yy$ & $yy+zz=aa$ les équations des courbes de projection sur les plans APM, QAR, dont la premiere sera par consequent une parabole AM, ayant pour sommet A, pour axe AP, & pour parametre a, & la seconde un cercle IRV, ayant pour centre A & pour rayon a. *Fig. 17.*

On trouvera aisément l'équation de la courbe de projection sur le plan des x & des z, qui sera $ax+zz=aa$, & l'on aura ainsi $\sqrt{aa-ax}$ pour la valeur de z, & $\sqrt{ax}$ pour celle de y.

Si l'on fait aprés $x=o$ l'on a $z=a$ & $y=o$, d'où l'on voit que la courbe à double courbure passe au point R où AR$=a$.

Remarquant ensuite dans la valeur de z, que le rectangle ax est ôté du quarré aa, on verra aisément que x augmentant, z diminuë, & qu'ainsi la courbe à double courbure descend toujours depuis le point R jusqu'à ce qu'elle rencontre la parabole AM, ce qui arrive en C, où x étant égale à a, on a $z=o$; & si l'on fait x plus grande que a, trouvant alors des valeurs imaginaires pour z, on verra que la courbe à double courbure ne passe point au de-là du point C, au contraire elle retourne en Cnr & arrive au point r où Ar=AR après avoir passé par tous les points n autant éloignez de la parabole AM que le sont les points N, ce que l'on voit aisément à cause que l'on a $z = \pm\sqrt{aa - ax}$.

Considerant presentement que y étant négative, les équations precedentes ne changent point, on verra aussi que la courbe à double courbure remonte après en rnc, sur la partie de surface cylindrique élevée sur la demi-parabole Am, en passant par les points n autant éloignez de cette demi-parabole que le sont les points n de la partie rnc de la courbe à double courbure.

On verra encore après, qu'étant arrivée au point c où Ac=AC, elle remonte en dessus de la demi-parabole Am & forme la derniere partie cnR de la courbe à double courbure, égale aux autres. Ainsi la courbe à double courbure qu'on cherchoit ici est composée des quatre parties RNC, rnC, rnc, Rnc, égales entre elles, & décrites sur la surface cylindrique élevée sur la parabole MAm, formant ensemble une figure à peu près semblable à celle d'une ellipse dont le plan seroit plié en cylindre.

REMARQUE.

59. ON peut construire aisément cette courbe dessus le cylindre élevé sur le cercle RV, car il n'y a Fig. 18. qu'à prendre les perpendiculaires VN qui sont les coordonnées x égales à $\frac{yy}{a}$, ce qui se fait en tirant RQ, & QG qui lui soit perpendiculaire, & prenant VN=AG.

III.

60. SOIT le cercle, dont l'équation est $xx + yy = aa$, la courbe de projection de la courbe à double courbure sur le plan de la base; & la courbe dont l'équation est $aayy = aazz - yyzz$, celle qui en est la projection sur le plan des y & des z.

La courbe de projection ſur le plan des x & des z ſe trouvera aiſément celle qui a pour équation $a^4 - aaxx = xxzz$.

Si l'on fait $x=o$ l'on a $y=a$, & $z=\infty$ d'où l'on voit que la courbe à double courbure ne rencontre qu'à l'infini la droite IH, élevée perpendiculairement au plan de la baſe ſur le point I de l'axe AQ, où AI $=a$; c'eſt-à-dire que cette ligne lui eſt une aſymptote. *Fig.* 19.

Si l'on fait enſuite $x=a$, l'on a $y=o$, & $z=o$, d'où l'on voit que la courbe à double courbure rencontre l'axe AP en C où AC $=a$. L'on remarquera en même tems que toutes les valeurs que l'on donnera à x en augmentant depuis le point A juſqu'au point C, donneront toutes des valeurs pour z, qui iront en diminuant, & qu'ainſi la courbe à double courbure deſcend toujours depuis ſon aſymptote juſqu'au point C. Enſuite donnant des valeurs plus grandes que a à x, on n'en a pour z & pour y que d'imaginaires, qui font voir que la courbe à double courbure ne paſſe pas de l'autre côté de C par rapport à A. Au contraire en remarquant que la valeur de z étant une racine du ſecond degré, elle doit être poſitive & négative, on verra que la courbe à double courbure retourne en deſſous du plan de la baſe, & forme une ſeconde branche égale & ſemblable à la premiere CNN.

De plus ſi l'on conſidere qu'en donnant à x & à y, des valeurs poſitives ou négatives, les équations ne changent point, on verra que la courbe à double courbure a ſur chaque quart de cylindre, élevé ſur les trois autres quarts de cercle ci, cI, Ci, deux parties égales & ſemblables aux deux parties CNN, Cnn. D'où l'on voit qu'elle ſera compoſée de huit branches toutes égales, dont quatre prendront leur origine au point C & les quatre autres au point c, & qui auront toutes pour aſymptotes les lignes HIh, ou Lil.

REMARQUE.

61. Il est à remarquer dans l'équation $a^4 - aaxx = xxzz$ ou bien dans l'équation $aayy = aazz$, que z est la quatriéme proportionnelle à AP, AM, PM, c'est-à-dire qu'elle est égale à la tangente MT du cercle, ce qui fournit une construction très-facile de la courbe à double courbure.

IV.

62. Soit à examiner la courbe à double courbure, dont les courbes de projection soient sur le plan
Fig. 20. de la base une cissoïde, dont AP soit l'axe, A le sommet & a le diametre de son cercle generateur : & sur le plan des y & des z une hyperbole équilatere dont les asymptotes soient AR, & AQ & la puissance aa. L'on aura ainsi les équations $ayy - xyy = x^3$ & $aa = yz$ qui donnent $y = \frac{x\sqrt{x}}{\sqrt{a-x}}$ & $z = \frac{aa}{y}$.

Supposant $x = o$ on a $y = o$ & $z = \frac{aa}{o} = \infty$, d'où l'on voit que la courbe à double courbure ne rencontre l'axe AR qu'à l'infini, c'est-à-dire que cet axe lui est asymptote. Si l'on fait ensuite $x = a$, y qui sera alors $= \infty$ donnera $z = o$ & l'on verra que la courbe à double courbure a encore pour asymptote CK qui est celle de la cissoïde. On verra aussi à cause que x augmentant y augmente aussi & z diminue, que la courbe descend toujours depuis l'asymptote AR jusqu'à l'asymptote CK en s'éloignant toujours de l'axe AC.

En remarquant après que y a deux valeurs égales, l'une positive & l'autre négative, & que la négative donne pour z une valeur aussi négative, on verra que la courbe à double courbure a encore une autre branche nn, égale & semblable à la precedente NN, mais en en deſſous du plan de la baſe. Les aſymptotes de cette branche, ſeront les prolongemens Ar, Ck, de celles de l'autre branche.

REMARQUE.

63. EN conſiderant ainſi cette courbe à double courbure, par les deux courbes de projection exprimées par les équations $ayy - xyy = x^3$, & $aa = yz$; on trouve la courbe à double courbure compoſée de deux branches; mais ſi au lieu de la ſeconde courbe de projection, l'on s'étoit ſervi de la troiſiéme dont l'équation eſt $a^5 - a^4x = x^3zz$, il eſt clair que l'on auroit trouvé encore deux autres branches égales & ſemblables aux deux premieres, ſçavoir l'une en deſſous de la branche NN, & l'autre en deſſus de la branche nn; il faudra donc prendre garde quand on aura à examiner le nombre de branches d'une courbe à double courbure, qu'elle peut en avoir plus ou moins ſelon les deux courbes de projection avec leſquelles on la conſiderera.

V.

64. SOIT enfin la courbe à double courbure, qui ait pour courbe de projection ſur le plan de la baſe, une parabole dont AP ſoit l'axe, A le ſommet, a le parametre; & ainſi $ax = yy$ l'équation: & pour courbe de projection ſur le plan RAQ, une courbe dont l'équation ſoit $aazz = y^4 + yyaa$. *Fig. 21.*

Si l'on fait $x = o$ l'on aura $y = o$, & $z = o$, d'où l'on voit que la courbe paſſera au point A. Toutes les valeurs que l'on donnera à x en augmentant, feront augmenter de même celles de y & de z, & ainſi montreront que la courbe à double courbure va toujours en montant, & il eſt aiſé de voir qu'elle continuera juſqu'à l'infini, car faiſant $x = \infty$, y & z le ſont auſſi.

Enſuite remarquant que x donne à y une valeur positive & une négative, & de même que y en donne une positive & une négative à z, on verra que la courbe à double courbure est composée de quatre parties égales & semblables, toutes sur la surface cylindrique élevée sur la parabole MAm, sçavoir deux sur la partie RAMr, l'une en dessus & l'autre en dessous de la parabole; & deux de même sur l'autre partie RAmr.

Il est clair que la courbe de projection sur le plan RAP, seroit une hyperbole équilatere dont le sommet seroit en A, l'axe AP, & le centre en C distant de A de $\frac{1}{2}a$.

REMARQUE.

65. ON peut tirer une construction très-facile de la courbe à double courbure, sur la surface cylindrique RAM, car remarquant que la valeur de la droite AM qui est $\sqrt{xx+yy}$, se peut changer aisément en $\sqrt{\frac{y^4+yy.aa}{aa}}$ & que cette derniere valeur est celle de z, on n'aura pour construire la courbe à double courbure qu'à prendre MN=AM, ce qui est fort simple.

AVERTISSEMENT.

AVANT de passer à la seconde section, on va donner la maniere d'examiner les surfaces courbes par leurs équations, comme on le vient de faire pour les courbes à double courbure. Cela paroît d'abord s'écarter du sujet de cet ouvrage, où l'on s'est proposé la recherche des courbes à double courbure; mais comme pour un plus grand détail de ces recherches mêmes, on entrera dans la suite dans quelques problêmes, où l'on suppose la connoissance des surfaces courbes sur lesquelles les courbes à double courbure sont décrites, on ne peut pas se dispenser, ce me semble, de donner cette maniere de connoître & de considerer les surfaces courbes.

66. *MANIERE D'EXAMINER une Surface courbe exprimée par une équation donnée à trois variables passant le premier degré, en supposant que* APM *soit le plan de la base*, AP *l'axe des* x, AQ *l'axe des* y, AR *l'axe des* z.

On fera d'abord dans cette équation $x=o$, ce qui la changera en une autre qui appartiendra à la courbe dans laquelle la surface rencontre le plan RAQ perpendiculaire à la base APM dans l'axe AQ des y. *Fig.* 22.

On fera après $y=o$, & l'on aura une équation qui donnera la courbe qui est la section de la surface, par le plan RAP perpendiculaire à la base dans l'axe AP.

On fera de même $z=o$, ce qui donnera l'équation de la courbe par laquelle la surface passe en rencontrant le plan de la base.

Lorsque les équations que ces suppositions donnent seront imaginaires ou fausses, c'est-à-dire lorsqu'elles renfermeront des contradictions, ce sera une marque que la surface ne rencontrera pas le plan que la supposition donne, par exemple si la supposition de $x=o$ donne une de ces équations imaginaires, cela signifiera que la surface ne rencontre pas le plan RAQ.

On considerera après l'équation donnée de la surface comme étant l'équation des courbes GN décrites dans les plans PMN perpendiculaires à l'axe AP, ce qui se fera en supposant l'indeterminée x constante, & par ce moyen l'on connoîtra la nature de ces courbes, & leurs changemens de figure selon les differentes grandeurs des AP, x, ou des valeurs constantes que l'on aura mises à la place, ce qui donnera en même tems la figure de la surface courbe, puisque l'on connoîtra celles des courbes par où elle passe. Si une certaine grandeur que l'on auroit donnée à x rendoit l'équation fausse ou imaginaire, cela marqueroit que la ſurface ne rencontreroit pas le plan PMN, déterminé par cette ſuppoſition de AP, x.

Il faudra auſſi donner des valeurs négatives à x, afin de connoître la partie de la ſurface qui eſt de l'autre côté du plan RAQ ; il pourra auſſi arriver que ces valeurs donneront des équations imaginaires, mais l'on fera deſſus les mêmes remarques que ſur les precedentes. Et s'il arrive que l'équation dans laquelle on aura fait x négative, eſt fauſſe, ce ſera une marque que la ſurface n'ira point de l'autre côté du plan RAQ. Quelquefois il arrivera auſſi au contraire, que l'équation ſera toute fauſſe, à moins que l'on ne donne des valeurs négatives à x, alors la ſurface ne ſera que de l'autre côté de RAQ.

Lorſqu'en ſuppoſant x infiniment grande (toujours dans l'équation de la ſurface) il vient $y = o$, ou $z = o$, cela montre que le plan des x & des z, ou celui de la baſe eſt aſymptote à la ſurface, parceque ces équations appartiennent alors à des lignes droites perpendiculaires à l'axe AP dans le plan des x & des z, ou dans le plan de la baſe.

Si la ſuppoſition de $x = \infty$ donnoit y ou z égale à une ligne conſtante, il eſt clair de même que la ſurface auroit pour plan aſymptotique, un plan parallele à la baſe, ou au plan RAP, & éloigné de l'un ou de l'autre, de cette ligne conſtante.

On voit auſſi que ſi cette ſuppoſition donnoit une équation compoſée d'y & de z qui exprimât une courbe ou une ligne droite, décrivant ce lieu ſur le plan RAQ, & élevant deſſus une ſurface compoſée d'une infinité de perpendiculaires à ce plan, c'eſt-à-dire une ſurface cylindrique qui auroit ce lieu pour baſe, elle ſeroit aſymptotique à la ſurface courbe, c'eſt-à-dire qu'elle ne la rencontreroit qu'à l'infini.

Lorſqu'il arrivera qu'une certaine grandeur ſuppoſée à x, donnera une équation qui puiſſe être décompoſée, ſoit en la diviſant ou en extrayant la racine, &c. de ſorte qu'elle en fourniſſe par ce moyen pluſieurs autres, il faudra conſtruire ſur le plan P M N déterminé par cette ſuppoſition les courbes exprimées par ces équations, & il eſt clair que la ſurface y paſſera & les rencontrera toutes. Par exemple ſi une valeur ſuppoſée à x donnoit cette équation, $azy+zyy-y^3=az^2$, ou $y^3-zyy+azz-azy=o$, l'on auroit en la diviſant par $y-z=o$, $yy-az=o$. Ainſi la ſurface courbe paſſeroit par une ligne droite P N, faiſant un angle de 45 degrez avec la variable P M, & par une parabole P G N, dont l'axe ſeroit perpendiculaire à P M, & dont le parametre ſeroit a. Si l'équation étoit $y^4=aaxx$, ou $y^4-aaxx=o$, on en tireroit $yy-ax$, & $yy+ax=o$, ou $yy=ax$, & $y^2=-ax$ qui appartiennent à deux paraboles P N, Pn, égales & ſemblables, oppoſées l'une à l'autre au ſommet P, & par leſquelles la ſurface paſſeroit.

Ayant donné ainſi des valeurs conſtantes aux coordonnées AP, pour connoître les courbes PN qui compoſent la ſurface courbe, on donnera de même des valeurs à AQ=PM=y pour avoir les courbes qui ſont les ſections de la ſurface par des plans paralleles à l'axe AP, & perpendiculaires à la baſe APM; ces courbes dont la ſurface eſt encore compoſée, ſerviront auſſi à la connoître, quand on les aura conſiderées en particulier par le moyen de l'équation de la ſurface courbe, dans laquelle on aura fait y conſtante; on fera les mêmes remarques pour les ſuppoſitions que pour celles d'AP, x, conſtante, par exemple pour les valeurs infinies, &c.

On fera auſſi les A R ou M N, z conſtantes, ce qui donnera des courbes décrites dans les plans paralleles à la baſe, qui compoſent encore la ſurface, étant ſes ſections par ces plans, dans leſquels elles ſont décrites.

Il me ſemble qu'en voilà aſſez pour faire voir la maniere de conſiderer une ſurface courbe par ſon équation, il eſt à propos preſentement de donner un exemple, pour montrer à faire l'application de ce que l'on a dit là deſſus.

On n'a point parlé des équations du premier degré à trois variables, parcequ'elles expriment des plans, ainſi qu'on l'a vû (article 10,) cependant comme on n'a point donné, lorſque l'on a une de ces ſortes d'équations, la maniere de déterminer le plan qu'elle exprime; il eſt bon de dire ici qu'il ne faut alors que faire x & y, ou y & z, ou x & z, égal à zero dans l'équation que l'on a, & il en viendra d'autres équations qui exprimeront des lignes droites dans les plans de la baſe, ou des x & des z, ou des y & des z, par leſquelles le plan demandé doit paſſer.

EXEMPLE.

67. SOIT propoſé d'examiner la ſurface courbe exprimée par l'équation $xyz = a^3$.

Fig. 23. En ſuppoſant $x = o$, on a $yz = \infty$, d'où l'on voit que la ſurface ne rencontre le plan QAR qu'à l'infini, c'eſt-à-dire que ce plan lui eſt aſymptotique.

Si l'on fait après $x = \infty$ l'on a $yz = o$, d'où l'on tire $y = o$ & $z = o$, ce qui marque que la ſurface a encore les plans RAP & APM pour plans aſymptotiques.

Si l'on fait enſuite $x = b$ l'on aura $yz = \frac{a^3}{b}$, qui donne deux hyperboles oppoſées GN, Gn dont les aſymptotes ſont MPm & SPs, & la puiſſance $\frac{a^3}{b}$, ainſi l'on voit que la ſurface a deux parties égales & ſemblables, renverſées l'une à l'égard de l'autre, & qui contiennent chacune une infinité d'hyperboles. La premiere de ces deux parties eſt entre les trois plans QAR, RAP & APM, & la ſeconde entre les plans APm, rAP, rAq, qui ſont les prolongemens des premiers.

Pour sçavoir si la surface courbe a encore d'autres parties du côté des Ap, x négatives, il n'y a qu'à faire $x = -b$, ce qui donnera $yz = -\frac{a^3}{b}$, & comme cette équation est à deux hyperboles opposées Hn, hn sur le plan pmn, ayant pour asymptotes mpm & lpL, & pour puissance la même que celle des hyperboles GN, gn, mais négative, ce qui fait qu'elles sont renversées par rapport à ces premieres hyperboles ; on verra qu'en effet la surface courbe a encore deux autres parties du côté des x négatives, & il est clair qu'elles sont égales aux deux premieres, & qu'elles sont renfermées, l'une entre les trois plans pAq, pAR, RAq; & l'autre entre les trois plans rAQ, pAQ, pAr.

Si l'on donne de même des valeurs à y & à z, on aura les mêmes choses qu'aux suppositions de x, ce qui fait voir que la surface courbe peut être considerée de la même façon par ses trois axes.

SECONDE SECTION.

USAGE DU CALCUL DIFFERENTIEL dans les Courbes à double courbure, par rapport à leurs tangentes & à leurs perpendiculaires.

Fig. 24. ON conçoit ici une courbe à double courbure AN, comme composée d'une infinité de petits côtez N*n*, de même qu'une courbe qui seroit décrite sur un plan; ce qui fait que le prolongement d'un de ces petits côtez N*n*, est la tangente dans le point N ou *n* de cette courbe à double courbure.

PROPOSITION I.

PROBLEME.

68. *SOIT la courbe à double courbure* AN, *son axe* Fig. 25. *des* x, AP, *dont l'origine est* A, *le plan de la base* APM, *avec la courbe* AM *de projection dessus, dont on a l'équation de même que celle d'une des deux autres courbes de projection; on propose de mener d'un point quelconque* N *de cette courbe à double courbure, la tangente* N*t, ou ce qui est la même chose, de trouver la valeur de la sous-tangente* M*t avec sa position.*

Ayant mené du point N la coordonnée MN, & du point M où elle rencontre le plan de la base, la coordonnée MP, on prendra sur la courbe à double courbure un autre point *n* infiniment proche du premier N, & l'on abaissera de même les coordonnées *nm*, *mp*. On

On menera après Nh parallele au petit côté Mm de la courbe de projection AM, & MH parallele à l'axe AP.

Nommant ensuite comme à l'ordinaire AP x, PM y, MN z, Pp sera dx, mH sera dy, nh sera dz & Mm, $\sqrt{dx^2+dy^2}$. Ainsi les triangles semblables nNh, NMt donneront nh (dz), Nh = Mm ($\sqrt{dx^2+dy^2}$) :: MN (z). Mt qui sera $\frac{z\sqrt{dx^2+dy^2}}{dz}$ valeur de la sous-tangente cherchée, & dont on voit clairement que la position doit être sur la tangente MT de la courbe de projection AM dans le point M, car le côté Nn & le côté Mm étant dans le même plan, leurs prolongemens doivent y être aussi.

Ayant donc les équations des courbes de projection, on réduira par leur moyen la valeur que l'on vient de trouver de la sous-tangente, en même expression de x & de dx, ou de y & de dy, ou de z & de dz, & comme alors les mêmes differentielles se trouveront au numerateur & au dénominateur, elles s'évanouiront, & cette valeur que l'on demandoit en sera par là délivrée.

COROLLAIRE I.

69. IL est clair que la valeur de la tangente Nt sera $\frac{z\sqrt{dx^2+dy^2+dz^2}}{dz}$, car elle est égale à $\sqrt{MN^2+Mt^2}$ c'est-à-dire à $\sqrt{\frac{zzdx^2+zzdy^2}{dz^2}+zz}$.

COROLLAIRE II.

70. SI l'on prolonge le plan du triangle tMN, du côté de MN, pour trouver la sous-perpendiculaire MO, que l'on a en menant la perpendiculaire NO à la courbe à double courbure AN, dans le petit côté Nn, consideré dans le plan de ce triangle; il

est clair qu'il faudra se servir des triangles semblables Nnh & NMO, afin d'avoir cette proportion Nh $(\sqrt{dx^2+dy^2})$. nh (dz) : : MN (z) MO. $\left(\frac{zdz}{\sqrt{dx^2+dy^2}}\right)$, où l'on trouve la valeur de cette sous-perpendiculaire.

COROLLAIRE III.

71. POUR avoir la valeur de la perpendiculaire NO, il faudra ajouter zz au quarré de MO, & ensuite prendre la racine quarrée, ce qui donnera NO $= \frac{z\sqrt{dz^2+dx^2+dy^2}}{\sqrt{dx^2+dy^2}}$.

REMARQUE I.

72. IL est aisé de voir que lorsque la valeur de la sous-tangente Mt sera positive, il la faudra prendre du côté de M par rapport à A comme dans cette figure, & que lorsqu'elle sera négative, il la faudra prendre du côté opposé, toujours sur la tangente MT; au contraire c'est quand la sous-perpendiculaire est négative qu'il la faut mettre du côté de M par rapport à A, au lieu que quand elle est positive, elle doit être mise de l'autre côté comme dans cette figure.

REMARQUE II.

73. ON doit aussi remarquer qu'il peut y avoir une infinité de perpendiculaires à chaque petit côté Nn d'une courbe à double courbure, à cause qu'il peut passer une infinité de plans par ce petit côté, & que dans chacun de ces plans on peut élever une perpendiculaire sur le point N. Ainsi il faut bien prendre garde, que la perpendiculaire NO au point N, n'est que celle que l'on trouve en considerant le côté

Nn dans le plan du triangle Nnh. Afin de ſçavoir mener toutes ces differentes perpendiculaires en général, on enſeignera dans cette ſection, la maniere de mener une perpendiculaire à un point d'une courbe à double courbure, en la conſiderant dans une ſurface courbe quelconque.

REMARQUE III.

74. ON peut aſſez facilement en examinant l'expreſſion de la ſous-tangente, en tirer une conſtruction générale pour mener la tangente d'une courbe à double courbure, ſuppoſant que l'on ſçache mener celles de ſes courbes de projection, car la valeur de la ſous-tangente qui eſt $\frac{z}{dz}\sqrt{dx^2+dy^2}$ ſe pouvant changer en $\sqrt{\frac{zzdx^2}{dz^2}+\frac{zzdy^2}{dz^2}}$, il eſt à remarquer que dans cette nouvelle expreſſion, il n'y a que les deux quarrez de deux ſous-tangentes, dont la premiere eſt celle de la courbe de projection ſur le plan des x & des z, & la ſeconde, celle de la courbe de projection ſur le plan des y & des z; ainſi il n'y a qu'à mettre l'une de ces deux ſous-tangentes à angle droit avec l'autre, & prendre l'hypotenuſe pour la ſous-tangente cherchée Mt.

COROLLAIRE.

75. DE cette méthode il en réſulte encore une plus ſimple, ou plutôt cette méthode ſe réduit aiſément; il ne faut que mener une parallele à l'axe AP, du point K où le plan de la baſe eſt rencontré par la tangente de la courbe PN, qui eſt la même que la courbe de projection AV, & le point t où cette parabole rencontre la tangente MPt, eſt le point qui détermine la longueur de la ſous-tangente; car remarquant qu'alors MK eſt $\frac{zdy}{dz}$ on voit que Kt eſt $\frac{zdx}{dz}$ à cauſe

que les triangles MPT, MKt ſont ſemblables & donnent PM (y) . PT ($\frac{ydx}{dy}$) : : MK ($\frac{zdy}{dz}$) . Kt ($\frac{zdx}{dz}$) ; & qu'ainſi Mt eſt la ſous-tangente cherchée, étant l'hypotenuſe du triangle MKt.

REMARQUE IV.

76. ON peut tirer encore cette derniere méthode d'un autre principe que voici. On ſçait déja que la tangente Nt eſt dans le plan qui paſſe par la tangente MT & par l'ordonnée MN, c'eſt-à-dire dans le plan tangent de la ſurface cylindrique RAMN élevée ſur la courbe de projection AM ſur le plan de la baſe; il eſt évident de plus qu'elle doit être auſſi dans le plan qui paſſe par la tangente NK & par l'ordonnée NV, & qui eſt le plan tangent de la ſurface cylindrique élevée ſur la courbe AV. Ainſi cette tangente Mt doit être la ſection de ces deux plans, or il eſt clair que ces deux plans ſe coupent dans la ligne qui paſſe par N & par la rencontre des lignes Kt, Mt, puiſque la poſition de ces plans, ne dépend que de ces deux lignes, & du point N.

Preſentement il me ſemble à propos de donner quelques exemples, pour voir la maniere d'appliquer la formule générale de la ſous-tangente.

EXEMPLE I.

77. SOIENT les équations $ax = yy$, $by = zz$ appartenant aux paraboles AM, AV qui ſont les courbes de projection de la courbe à double courbure AN, ſur les plans APM, RAQ, il faut trouver la valeur de la ſous-tangente Mt.

Ayant pris les differences de ces équations on aura $adx = 2ydy$ & $bdy = 2zdz$, & par conſequent $dy = \frac{adx}{2\sqrt{ax}}$ & $dz = \frac{bdy}{2\sqrt{by}} = \frac{abdx}{4\sqrt[4]{bba^3x^3}}$, & $\sqrt{dx^2 + dy^2} = dx\frac{\sqrt{4x+a}}{4x}$. Ainſi mettant ces valeurs & celle de z qui est $\sqrt[4]{abbx}$, dans la formule $\frac{z}{dz}\sqrt{dx^2+dy^2}$, on la changera en $4x\sqrt{\frac{4x+a}{4x}}$ ou $2\sqrt{4xx+ax}=2\text{MT}$ valeur très-simple de la sous tangente cherchée Mt. On auroit bien pû trouver plus aisément cette valeur, par l'article precedent, parceque l'on sçait que MK est double de MP.

Si l'on veut avoir la sous-perpendiculaire MO, il est clair qu'il n'y a qu'à faire cette proportion Mt $(2\sqrt{ax+4xx})$. MN $(\sqrt[4]{abbx})$ :: MN $(\sqrt[4]{abbx})$ $\text{MO}=\frac{1}{2}\sqrt{\frac{abb}{4x+a}}$.

Faisant dans cette valeur, $x=o$, on a $\text{MO}=\frac{1}{2}a$, d'où il s'ensuit que l'axe AQ, est perpendiculaire à la courbe à double courbure en A, & si l'on fait $x=\infty$ l'on a $\frac{1}{2}\sqrt{\frac{abb}{4\infty}}=o$, pour la sous-perpendiculaire, ce qui montre que la tangente de la courbe à double courbure à l'infini est parallele à l'axe AP.

EXEMPLE II.

78. SOIENT les équations $xx-aa=yy$ & $yy-aa=zz$, celles des courbes de projection de la courbe à double courbure sur les plans APM, QAR; ces deux courbes de projection seront donc deux hyperboles équilateres, ayant pour axes AP, AQ, AR, & pour centre commun, le point A. On demande la valeur de la sous-tangente Mt. Fig. 26.

En prenant les differences de ces équations on a $2xdx=2ydy$, & $2ydy=2zdz$, d'où l'on tire $dy=\frac{xdx}{\sqrt{xx-aa}}$, & $dz=\frac{ydy}{\sqrt{yy-aa}}=\frac{xdx}{\sqrt{xx-2aa}}$ & par consequent $\sqrt{dx^2+dy^2}=dx\sqrt{2xx-aa}$ ce qui donne $\frac{z}{dz}\sqrt{dx^2+dy^2}$

$= \frac{xx - 2aa}{x} \times \frac{\sqrt{2xx - aa}}{xx - aa}$ qui eſt la valeur cherchée de Mt.

Si l'on fait dans cette valeur $x = \infty$, on aura Mt $= \infty \sqrt{2}$, c'eſt-à-dire égale à l'aſymptote infinie A I de l'hyperbole B M; d'où l'on voit que la tangente à l'infini de la courbe à double courbure, part du point A; c'eſt-à-dire que cette courbe a une aſymptote qui part de ce point.

Pour ſçavoir quel angle elle fait avec celle de l'hyperbole, il n'y a qu'à faire cette proportion, comme l'aſymptote A I $= \infty \sqrt{2}$, eſt à l'ordonnée qui eſt alors $= \infty$, ainſi AD partie de l'aſymptote priſe égale à $a \sqrt{2}$ (en menant BD perpendiculaire à AB) eſt à DE, qui ſera par conſequent égale à a; ce qui donne ou détermine l'angle EAD, & par conſequent la poſition de l'aſymptote AEL de la courbe à double courbure. Il eſt à remarquer que cette courbe commence en C où elle rencontre l'hyperbole & où $x = \sqrt{2aa}$, qu'elle a huit parties égales & ſemblables comme CN, &c.

Si l'on fait $x = \sqrt{2aa}$, dans la valeur de la ſous-tangente, il eſt clair qu'elle deviendra $= o$, d'où la courbe à double courbure eſt perpendiculaire au plan de la baſe dans le point C.

EXEMPLE III.

79. SOIT la courbe à double courbure RN, celle
Fig. 27. dont on a parlé à l'art. 58, c'eſt-à-dire celle dont les courbes de projection, ſont, ſur le plan de la baſe, une parabole AM, dont l'équation eſt $ax = yy$, & ſur le plan RAQ des y & des z, un cercle RV dont l'équation eſt $yy + zz = aa$, on demande la valeur de la ſous-tangente de cette courbe.

Il n'y a qu'à prendre par le moyen de ces équations les valeurs de z, & de dz, en x & dx, & les ſubſtituer dans la formule générale $\frac{z}{dz}\sqrt{dx^2+dy^2}$ en y mettant aussi celle de $\sqrt{dx^2+dy^2}$ que l'on sçait déja être * $dx\sqrt{\frac{4x+a.}{4x}}$ *Art. 77.

Il est clair que ces valeurs de z & de dz sont $\sqrt{aa-ax}$ & $\frac{-adx}{2\sqrt{aa-ax}}$, ainsi l'on aura donc la sous-tangente égale à $(\overline{2a-2x})\times-\sqrt{\frac{4x+a}{4x}}$, dont la construction est bien aisée, il n'y a qu'à prendre AB $=a$ & mettre BP en BD puis tirer l'ordonnée D E t, qui rencontrera la tangente MT prolongée en t, en sorte que M t sera la sous-tangente cherchée. On voit aisément que le point t doit être de l'autre côté de M par rapport à T, puisque la valeur de la sous-tangente est négative.

Si l'on fait dans cette valeur $x=o$, pour sçavoir quelle est la tangente au point R de la courbe à double courbure, on aura pour la sous-tangente, $\frac{2a}{\sqrt{o}}$, qui est une valeur infinie, & qui montre que cette tangente est alors parallele à l'axe AQ des y.

Si l'on cherche la valeur de la sous-perpendiculaire MO, & qu'on y suppose $x=a$ elle deviendra $\frac{aa}{\sqrt{5aa}}$ ou $a\sqrt{\frac{1}{5}}$ qui étant infiniment grand par rapport à z qui est alors zero, fait voir qu'au point C la courbe à double courbure coupe perpendiculairement le plan de la base.

EXEMPLE IV.

80. SOIT un cercle BMC dont le centre soit A, & AB & AC deux rayons perpendiculaires l'un à l'autre. Si de tous les points M de ce cercle, l'on éleve des perpendiculaires à son plan, & que l'on en détermine les longueurs en les prenant égales aux lignes QI qui sont Fig. 28.

comprifes entre les points I, où les tangentes du cercle dans les points M coupent le rayon AB & entre les points Q où tombent les perpendiculaires MQ à AB, il eſt clair que l'on formera ainſi une courbe à double courbure qui ſera décrite dans la ſurface cylindrique élevée ſur le cercle. On demande de mener une tangente à cette courbe à double courbure d'un point quelconque N pris deſſus.

Il eſt évident qu'il ne faut que trouver les équations de cette courbe à double courbure, & avoir par leur moyen les valeurs de z, de dz & de $\sqrt{dx^2+dy^2}$ exprimées en une ſeule variable avec ſa difference afin de les mettre dans la formule générale $\frac{z}{dz}\sqrt{dx^2+dy^2}$ des ſous-tangentes.

On voit aiſément que le cercle BMC eſt la courbe de projection ſur le plan de la baſe, & ainſi nommant AP, x; PM, y; MN, z; on aura $xx+yy=aa$ pour une des équations de la courbe à double courbure, enſuite l'angle AMI étant toujours droit l'on aura les triangles ſemblables, AMQ, QMI qui donneront $\div$ AQ(y) . MQ(x) . QI$=$MN (z) d'où l'on tirera $yz=xx$ qui donnera en mettant pour y ſa valeur $\sqrt{aa-xx}$ l'équation $aazz-zzxx=x^4$, qui ſera celle de la courbe de projection de la courbe à double courbure ſur le plan des x & des z.

Par le moyen de cette derniere équation on aura la valeur de z qui ſera $\frac{xx}{\sqrt{aa-xx}}$ & qui donnera $dz=\frac{2aaxdx-x^3dx}{\overline{aa-xx}^{\frac{3}{2}}}$. Enſuite tirant de l'équation $aa=xx+yy$ la valeur de $\sqrt{dx^2+dy^2}$ qui eſt $\frac{adx}{\sqrt{aa-xx}}$ on mettra ces valeurs dans la formule générale qui deviendra $\frac{ax\sqrt{aa-xx}}{2aa-xx}$, valeur de la ſous-tangente cherchée Mt,

& qui

& qui étant positive doit être mise du côté de M par rapport à A, c'est-à-dire en allant vers I.

Si l'on veut sçavoir par le moyen de cette expression, quelle est la tangente de la courbe à double courbure dans le point B, il n'y a qu'à faire $x=o$, & l'on aura la sous-tangente $=\sqrt{\frac{o}{1}}$ qui étant comparée avec la valeur de z alors $=o$ donne un rapport infiniment grand, & fait voir par consequent que la tangente du cercle au point B, touche aussi la courbe à double courbure.

LEMME.

81. SOIT une surface courbe dont les axes soient AP, AR, AQ, soit donné un de ses points N; Je dis que si l'on mene par ce point les tangentes NT, NG aux courbes QN, PN, formées par les sections de la surface par les plans QMN, PMN perpendiculaires aux axes AQ, AP, & passant par le point N, le plan tangent de la surface courbe à ce point sera celui qui passera par ces tangentes NT, NG. *Fig. 29.*

Car considerant un petit triangle N*nn*, au point N de la surface courbe dont les deux petits côtez N*n*, N*n* soient ceux des courbes PN, QN, il est clair que le plan tangent de la surface au point N est celui qui passe par ce petit triangle, or c'est ce qui arrive au plan TNG, donc, &c.

PROPOSITION II.

PROBLEME.

82. S*OIT donnée une surface courbe dont les axes soient* AP, AQ, AR, *avec une courbe à double courbure décrite dessus & ayant les mêmes axes, on demande de mener d'un point quelconque* N *qui soit en même tems à la surface courbe, & à la courbe à double courbure, une droite* NH *qui leur soit commune perpendiculaire à l'une & à l'autre.*

Ayant abbaissé du point donné N, sur le plan de la base, la perpendiculaire MN qui est une coordonnée, & du point M, où elle rencontre ce plan, les perpendiculaires MP, MQ sur les axes AP, AQ, on menera le plan PMN par les droites MP & MN, le plan QMN par les droites MN, QM, & le plan GNT tangent à la surface courbe dans le point N, c'est-à-dire passant par les tangentes NG, NT, des courbes dans lesquelles la surface est rencontrée par ces plans PMN, QMN. Il est clair alors que la perpendiculaire cherchée NH sera celle que l'on aura menée au plan tangent, c'est-à-dire aux deux tangentes NG, NT. Ainsi il faut mener dans le plan QMN, NO perpendiculaire à NT, & dans le plan PMN, NI perpendiculaire à NG; ensuite tirer par I & par O les paralleles IH, OH aux axes AP, AQ, & du point H où elles se rencontrent, mener au point N une ligne NH qui sera la perpendiculaire cherchée, car comme elle se trouvera alors également dans les plans NIH, NOH, elle devra être en même tems perpendiculaire aux tangentes NG, NT, c'est-à-dire au plan tangent, ou à la surface courbe, & à la courbe à double courbure.

PROPOSITION III.

PROBLEME.

83. *SOIT une surface dont* AP, AQ, AR *soient les* Fig. 30. *axes, &* AP, PM, MN *les coordonnées, entre lesquelles on a son équation, soit encore une courbe à double courbure* AN, *décrite sur cette surface courbe, & déterminée dessus par la section d'un cylindre élevé sur une courbe* AM, *donnée sur le plan de la base* APM. *On demande de mener à cette courbe à double courbure, d'un point quelconque* N *pris dessus, une perpendiculaire* NO, *qui soit en même tems tangente à la surface courbe.*

Soient les deux plans PMN, QMN, passant par la

coordonnée MN, & coupant perpendiculairement les axes AP, AQ; soient encore les courbes PN, QN, dans lesquelles la surface courbe rencontre ces plans; si l'on mene du point donné N des tangentes NK, NH à ces deux courbes, il est clair que la perpendiculaire cherchée NO sera dans le plan NHK que l'on aura fait passer par ces deux tangentes. Ainsi il ne faut plus que chercher sur ce plan, la tangente Nt de la courbe à double courbure, au point N, & lui élever une perpendiculaire, toujours dans le même plan NHK, & au même point N.

Pour trouver cette tangente Nt, il faut considerer quelle est la section du plan NHK, par le plan qui seroit élevé perpendiculairement à la base, sur la tangente Mt de la courbe AM, & alors l'on verra aisément qu'il faudra tirer HK par les points H & K, où les tangentes NH, NK rencontrent le plan de la base, & que le point t où cette ligne sera coupée par la tangente Mt de la courbe AM sera celui par où & par N, on fera passer la tangente cherchée Nt.

Ayant donc presentement la tangente Nt, il ne faut plus que lui mener une perpendiculaire dans le plan NHK, c'est ce qui se peut faire aisément sans avoir même ce plan construit; car il n'y a qu'à abaisser du point M sur la droite HK la perpendiculaire MF, puis prendre ensuite la partie tO troisiéme proportionnelle à tF, & à la tangente Nt, & la mettre sur le prolongement de tF, ensuite par le point O que cela donne, & par le point N, mener la ligne NO qui sera enfin la perpendiculaire cherchée.

PROPOSITION IV.

PROBLEME.

84. *SOIENT les trois axes* AP, *des* x ; AQ, *des* y ; AR, *des* z, *communs à deux surfaces courbes quelconques données ; & soit la courbe à double courbure* AN, *la section de ces deux surfaces ; On demande de mener à cette courbe, d'un de ses points quelconque* N, *une tangente* N*t*, *sans se servir des courbes de projection.*

Fig. 31.

Soient menés par le point N, les plans PMN, QMN, perpendiculaires aux axes AP, AQ, cela fournira les coordonnées AP ou QM, x ; PM ou AQ, y ; MN, z ; & il se trouvera sur chacun de ces plans, deux courbes dans lesquelles ils couperont les deux surfaces courbes. Soient aux deux courbes FN, & GN qui se trouvent ainsi sur le plan PMN, menées les tangentes NK, NI, par le point commun N ; soient de même aux deux courbes LN, DN qui sont dessus le plan QMN, menées les tangentes NH, NO aussi par le point commun N. En tirant après les lignes KH, IO, la premiere KH par les points où tombent les tangentes NK, NH, des courbes FN, LN, section de la premiere surface courbe, & la seconde IO, par les points où tombent celles des courbes GN, DN, sections de la seconde surface courbe ; l'on aura les deux plans NKH, NIO, qui seront chacun tangens à une des surfaces courbes, & en même tems à la courbe à double courbure.

Il est évident que la tangente cherchée N*t* devra être dans chacun de ces deux plans, c'est-à-dire qu'elle en sera la section, & ainsi le point où se coupent les deux droites KH, IO, sera le point cherché *t*, par où & par N passe la tangente cherchée N*t*.

PROPOSITION V.

PROBLEME.

85. *SOIT la courbe à double courbure* AN, *avec ses axes* AP, AQ, AR, *& ses courbes de projection,* AM *sur le plan de la base, &* AV *ou son égale* PN *sur le plan des* y *& des* z; *On demande la courbe* At *décrite sur le plan de la base par la rencontre de toutes les tangentes* Nt *de la courbe à double courbure avec ce plan.* *Fig. 15.*

Ayant pris un point quelconque t de cette courbe, provenu de la tangente Nt de la courbe à double courbure dans un de ses poins N, on en menera parallelement à PT, tK qui rencontrera l'axe AQ prolongé, en F, & la coordonnée PM prolongée, en K; ensuite on nommera comme à l'ordinaire AP, x; PM, y; MN z; & de plus AL, v; Lt, s; qui sont les coordonnées de la courbe cherchée. De sorte qu'on aura MK $= \frac{zdy}{dz}$, & par consequent K$t = \frac{zdx}{dz}$, & à cause que L$t =$ KM $-$ PM, & AL $=$ Kt $-$ AP, on aura donc en termes algebriques $s = \frac{zdy}{dz} - y$ & $v = \frac{zdx}{dz} - x$ qui sont des équations, qui avec celles des courbes de projection, feront trouver celle de la courbe cherchée. Ce qui se fera en réduisant d'abord $\frac{zdy}{dz} - y$ en z ou en y, par le moyen de l'équation de la courbe de projection sur le plan des y & des z, & ensuite en réduisant $\frac{zdx}{dz} - x$ en z ou en x par le moyen de l'équation de la courbe de projection sur le plan des x & des z, que l'on a par le moyen de celle de la courbe de projection sur le plan de la base. De maniere que l'on aura alors deux équations, lesquelles en faisant évanouir les deux variables qui restent des trois x, y, z, se réduiront à une qui n'aura que les seules variables v, s, & qui sera alors l'équation de la courbe cherchée At.

EXEMPLE I.

86. SOIT la courbe à double courbure, telle que la courbe de projection AM, soit une parabole $ax = yy$, & la courbe de projection AV ou PN, une autre parabole $by = zz$, on veut avoir l'équation de la courbe At. Substituant la premiere équation dans la seconde, on aura celle de la courbe de projection sur le plan des x & des z, qui sera alors aussi une parabole, mais du quatriéme degré, ayant pour équation $abbx = z^4$.

Prenant les differences de ces deux dernieres équations, on aura $bdy = 2zdz$, & $4z^3dz = abbdx$, d'où l'on tire $\frac{zdy}{dz} = 2y$, & $\frac{zdx}{dz} = 4x$, & ainsi $s = \frac{zdy}{dz} - y = y$, & $v = \frac{zdx}{dz} - x = 3x$, c'est-à-dire $s = y$ & $v = 3x$, dans lesquelles mettant pour x, sa valeur $\frac{yy}{a}$, on trouvera aisément $ss = \frac{1}{3}av$, qui sera l'équation de la courbe cherchée At, qui sera donc une parabole dont le parametre est le tiers de celui de la courbe de projection AM.

EXEMPLE II.

87. SI l'on veut à present que les courbes de projection AM & AV, soient chacunes une parabole ou une hyperbole quelconque en général, on n'a qu'à prendre deux équations générales pour ces deux courbes, & s'en servir de même que des équations de l'exemple precedent.

Soit donc $a^{m-1}x = y^m$ l'équation générale de la courbe de projection AM & $b^{n-1}y = z^n$, celle de la courbe de projection AV ou PN; on aura par leur moyen $b^{n-1}a^{\frac{m-1}{m}}x^{\frac{1}{m}} = z^n$ pour l'équation de la courbe de projection sur le plan des x & des z, & ensuite prenant les differences de ces deux dernieres équations, il en viendra $b^{n-1}dy = z^{n-1}dz$ & $b^{n-1}a^{\frac{m-1}{n}} \times \frac{1}{m} x^{\frac{1}{m}-1}dx = nz^{n-1}dz$ qui donneront $\frac{zdy}{dz} = ny$ & $\frac{zdx}{dz} = mnx$, & ainsi les deux équations $s = \frac{zdy}{dz} - y$, & $v = \frac{zdx}{dz} - x$ deviendront $s = \overline{n-1}\,y$ & $v = \overline{mn-1}\,x$, dans la premiere desquelles substituant la seconde après avoir mis pour y, sa valeur $a^{\frac{m-1}{m}} x^{\frac{1}{m}}$, on aura $s = \frac{\overline{n-1} \times a^{\frac{m-1}{m}} v^{\frac{1}{m}}}{\overline{mn-1}^{\frac{1}{m}}}$, ou

$$s^m = \frac{\overline{n-1}^m \times a^{m-1} v}{mn-1}$$ qui appartient à la courbe cherchée qui sera ainsi toujours de même nature & de même degré que la courbe AM, c'est-à-dire une parabole ou une hyperbole en général. Si $m = 3$, & $n = 2$ la courbe At, a pour équation alors $s^3 = \frac{aav}{5}$. Si $m = -2$ & $n = 3$ l'équation est $ss = \frac{4av}{5}$.

Si $m = -1$, & $n = 2$, on a $s^{-1} = \frac{a^{-2}v}{3}$ ou $3aa = -sv$ qui est une hyperbole, dont on voit que les asymptotes sont AP, AF, puisque les valeurs d'v sont négatives, c'est-à-dire de l'autre côté de A par rapport à L.

EXEMPLE III.

88. SOIT la courbe à double courbure, dont la courbe de projection sur le plan de la base, est une parabole $ax = yy$, & la courbe de projection sur le plan des y & des z, un cercle $yy + zz = aa$.

La courbe de projection sur le plan des x & des z, sera donc celle dont l'équation est $ax + zz - aa$, d'où l'on tire en prenant la difference, $adx + 2zdz = o$, ou $adx = -2zdz$, qui donne $\frac{zdx}{dz} = -\frac{2zz}{a}$, & par consequent $v = \frac{zdx}{dz} - x = -\frac{2zz}{a} - x$, c'est-à-dire $-v = \frac{2aa - 2ax + ax}{a}$, qui se réduit à $v = x - 2a$, ou $x = 2a + v$.

Ensuite prenant la difference de l'équation $yy + zz = aa$, on a $2ydy + 2zdz = o$, d'où l'on tire $\frac{zdy}{dz} = -\frac{zz}{y}$, & par consequent $s = \frac{zdy}{dz} - y = -\frac{zz}{y} - y$, ou $-s = \frac{aa}{y}$, ou bien encore $-s = \frac{aa}{\sqrt{ax}}$, dans laquelle mettant pour x, sa valeur $v + 2a$, on a, $-s = \frac{aa}{\sqrt{av + 2aa}}$, ou

$vss + 2ass = a^3$ qui eſt l'équation de la courbe cherchée, qui eſt formée par la rencontre des tangentes de la courbe à double courbure avec le plan de la baſe.

EXEMPLE IV.

89. SOIT la courbe à double courbure, celle dont les courbes de projection, ſont ſur le plan de la baſe & ſur le plan des y & des z, deux hyperboles égales, ayant pour équations $xx - aa = yy$, & $yy - aa = zz$.

Prenant la difference de cette derniere équation, on aura $2ydy = 2zdz$, ou $ydy = zdz$, d'où l'on tire $\frac{zdy}{dz} = \frac{zz}{y}$, & par conſequent $s = \frac{zdy}{dz} - y = \frac{zz}{y} - y$, c'eſt-à-dire $s = -\frac{aa}{y}$, ou $y = \frac{aa}{-s}$, ou bien encore en y ſubſtituant pour y ſa valeur $\sqrt{xx - aa}$, $\frac{aa}{-s} = \sqrt{xx - aa}$, d'où l'on tire $x = \sqrt{\frac{a^4}{ss} + aa}$.

Enſuite ſubſtituant dans l'équation $xx - aa = yy$ pour yy ſa valeur $zz + aa$ tirée de l'équation $yy - aa = zz$, on aura $xx = 2aa + zz$ pour l'équation de la courbe de projection de la courbe à double courbure, ſur le plan des z & des x, & en prenant la difference on a $2xdx = 2zdz$, d'où l'on tire $\frac{zdx}{dz} = \frac{zz}{x}$, & ainſi $v = \frac{zz - xx}{x} = -\frac{aa}{x}$, qui deviendra en y ſubſtituant pour x ſa valeur $\sqrt{\frac{a^4}{ss} + aa}$, $aavv + vvss = 4aass$, qui eſt l'équation cherchée de la courbe des rencontres des tangentes de la courbe à double courbure, avec le plan de la baſe.

PROPOSITION

PROPOSITION VI.

PROBLEME.

90. *La Courbe à double courbure* AN, *avec ses axes* AP, AQ, AR, *étant déterminée par le moyen d'une surface courbe quelconque, dont elle est la section par une surface cylindrique élevée perpendiculairement sur une courbe donnée* AM *décrite sur le plan de la base : trouver la courbe* FH, *dans laquelle le plan de la base* APM *est rencontré par toutes les perpendiculaires* NH *de cette surface courbe, aux points* N *de la courbe à double courbure. On suppose que les équations de la courbe à double courbure, & celle de la surface courbe sont exprimées en mêmes variables.* Fig. 25.

Soit pris un point quelconque N, sur la courbe à double courbure, & soit par l'art. 82, mené de ce point une perpendiculaire NH à la surface courbe. Il est clair qu'il n'y a pour cela qu'à mener les plans PMN, QMN, qui passent par le point N, & qui soient perpendiculaires aux axes AP, AQ; ensuite tirer les perpendiculaires NI, NO, du même point N aux courbes PM, QN que ces plans forment en coupant la surface courbe : puis des points I, O, où ces perpendiculaires rencontrent le plan de la base, mener des paralleles IH, OH, aux axes AP, AQ, & le point H où elles se coupent, sera celui où la perpendiculaire cherchée NH rencontre le plan de la base APM, & par conséquent un des points de la courbe cherchée FH.

Si l'on prolonge ensuite OH jusqu'en D, où elle rencontre l'axe AP, on aura les droites AD, DH, que l'on prendra pour les coordonnées de cette courbe, & ainsi nommant AD, v; DH, s; & AP, x; PM, y; MN, z comme à l'ordinaire, l'on aura PD, ou MO $= \frac{zdz}{dx}$ puisque c'est la sous-perpendiculaire de la courbe QN dont les coordonnées sont x & z; & ensuite AD

H

ou AP+PD ou $v = x + \frac{zdz}{dx}$, de même on aura OH $=$ MI $= \frac{zdz}{dy}$, & par conſequent DH ou PM + MI ou $s = y + \frac{zdz}{dy}$. Ainſi ayant ces valeurs de v & de s cela forme deux équations générales, qui avec celle de la ſurface courbe, & de la courbe à double courbure, détermineront celle de la courbe cherchée ; ce qui ſe fera de cette façon ; on fera d'abord x conſtante dans l'équation de la ſurface courbe, & l'on en aura une équation compoſée d'y & de z qui appartiendra à la courbe PN ; par le moyen de cette équation on trouvera la valeur de $\frac{zdz}{dy}$ en y, & par conſequent celle de s ; cette valeur de s formera une équation qui comprendra les trois variables y, s, & x, en remettant cette derniere lettre pour la conſtante qu'on avoit miſe à ſa place auparavant, afin que cette équation puiſſe ſervir pour toutes les valeurs d'x. On fera après de même y conſtante, & il en viendra une équation d'x & de z, qui appartiendra à la courbe QN, & qui fera trouver la valeur de v qui eſt $x + \frac{zdz}{dx}$ en x & en y que l'on aura remis pour ſa conſtante, ce qui ſera donc encore une autre équation qui contiendra les trois variables x, y, v, de ſorte qu'avec l'équation de la courbe AM, on en aura ainſi trois qui renfermeront enſemble les quatre variables x, y, v, s & ainſi il n'y aura plus qu'à en faire évanouir les deux x, y, afin d'avoir une ſeule équation en v & s, qui ſe trouvera celle de la courbe demandée.

EXEMPLE I.

91. SOIT une ſurface courbe telle que ſon équation ſoit $az = yx$, & ſoit ſur le plan de la baſe une hyperbole du ſecond genre, dont l'équation eſt $xxy = a^3$ ſuppoſant ſur cette hyperbole une ſurface cylindrique élevée perpendiculairement elle coupera la ſurface courbe en une courbe à double courbure. On demande la courbe dans laquelle le plan de la baſe eſt ren-

contré par toutes les perpendiculaires de la ſurface courbe, dans les points de cette courbe à double courbure. Ayant ſuppoſé x conſtante & mis la lettre b à ſa place, on aura $az = by$, dont la difference donne, $adz = bdy$, & par conſequent $\frac{zdz}{dy} = \frac{bz}{a} = \frac{bxy}{aa}$, & ainſi on aura s qui eſt $y + \frac{zdz}{dy} = y + \frac{bxy}{aa}$ ou $s = y + \frac{xxy}{aa}$, en remettant x pour b.

Enſuite on fera de même y conſtante, mettant la lettre c à ſa place, ce qui donnera $az = cx$ dont la difference eſt $adz = cdx$, d'où l'on a $\frac{zdz}{dx} = \frac{cz}{a} = \frac{cxy}{aa}$ & par conſequent v qui eſt $x + \frac{zdz}{dx} = x + \frac{cxy}{a}$ ou $v = x + \frac{xyy}{aa}$ en remettant y pour c.

Preſentement l'on a donc trois équations contenant enſemble les quatre variables x, y, v, s, ſçavoir celle de la courbe de la baſe qui eſt $xxy = a^3$ & les deux équations qui ſont les valeurs de v & de s, c'eſt-à-dire $v = x + \frac{xyy}{aa}$, & $s = y + \frac{xxy}{aa}$.

Subſtituant la valeur d'y, $\frac{a^3}{xx}$, tirée de la premiere de ces équations, dans les deux autres, on aura $v = x + \frac{a^4}{x^3}$, $s = \frac{a^3}{xx} + a$, dans leſquelles faiſant évanouir x on trouvera $v = \frac{a\sqrt{a}}{\sqrt{s-a}} + \frac{\sqrt{s-a}^3}{\sqrt{a}}$ qui donne étant quarrée $vv = \frac{a^3}{s-a} + 2as - 2aa\,\frac{\overline{s-a}^3}{a}$ qui eſt l'équation de la courbe cherchée. On peut ſimplifier cette équation, en faiſant $s - a = t$, ce qui ne fait que changer la poſition de l'axe, & qui donne $vv = \frac{aa + tt.}{\sqrt{at}}$

EXEMPLE II.

92. SOIT la même ſurface courbe que dans l'exemple précédent, mais au lieu de la courbe de la baſe, une ligne droite parallele à l'axe des y, à la diſtance d'une ligne égale à b, on formera par là une courbe ſimple, au lieu de la courbe à double courbure, en élevant ſur cette droite un plan au lieu de la ſurface cylindrique que l'on avoit élevée auparavant, on demande la courbe ſur le plan de la baſe où il eſt rencontré par toutes les perpendiculaires de la ſurface courbe, dans les points de la courbe que l'on a formée par la ſection de ce plan élevé.

Il eſt évident que l'on aura comme dans l'exemple précédent $v=x+\frac{xyy}{aa}$ & $s=y+\frac{xxy}{aa}$, & qu'au lieu de x qui doit être par les conditions de cet exemple $=b$, il faudra mettre cette lettre à la place, ainſi l'on aura les équations $v=b+\frac{bby}{aa}$, & $s=y+\frac{bby}{aa}$, ou $\frac{\overline{v-b}\times aa}{b}=yy$, & $\frac{aas}{aa+bb}=y$, ou $\frac{ssa^4}{\overline{aa+bb}^2}=yy$, ce qui donnera en égalant ces deux valeurs de y, l'équation $\frac{\overline{v-b}\times\overline{aa+bb}^2}{aab}=ss$ qui eſt celle de la courbe cherchée, qui ſe trouvera être ainſi une parabole.

TROISIÉME SECTION.

USAGE DU CALCUL INTÉGRAL dans les courbes à double courbure, par rapport à leurs rectifications à la quadrature des espaces qu'elles déterminent, &c.

PROPOSITION I.

PROBLEME.

93. *La Courbe à double courbure* AN *étant donnée avec ses axes* AP, AQ, AR, *& ses courbes de projection* AM *&* AV, *ou* PN *sur les plans* APM *&* QAR, *trouver la rectification de l'arc* AN. Fig. 32.

Soit supposé le point p infiniment proche du point P, & soit mené de ce point les coordonnées pm, mn, à la courbe à double courbure, & tracé sur le plan pmn qui passe par ces coordonnées, la courbe pn égale à la courbe PN. Soit ensuite mené du point M la droite MH parallele à AP, & du point H où elle rencontre la coordonnée pm, HG parallele à MN ; l'on aura le point G dans la courbe pn, d'où l'on tirera Gh parallele à pm qui coupera mn au point h, par où & par N l'on menera Nh qui sera parallele à Mm ; on tirera ensuite par N & par G la ligne NG, qui sera parallele à la ligne MH.

On aura par cette préparation les petits triangles rectangles NGh, Nhn qui donneront $Nn^2 = Nh^2 + hn^2$

$= \overline{NG^2 + Gh^2 + nh^2}$, ou $Nn = \sqrt{Gh^2 + GN^2 + nh^2}$, & comme cette ligne eſt un petit côté de la courbe à double courbure, & par conſequent ſon élement, il en faut ſeulement trouver la valeur algebrique, & l'integrer pour avoir la rectification cherchée.

Nommant donc AP, x; PM, y; MN, z; comme à l'ordinaire, l'on aura $Pp = dx$, $mH = dy$, $nh = dz$, & par conſequent Nn ou $\sqrt{Gh^2 + GN^2 + nh^2} = \sqrt{dx^2 + dy^2 + dz^2}$ à cauſe $Gh = Hm$ & $GN = MH = Pp$.

Ainſi il n'y a plus qu'à ſe ſervir des équations des courbes de projection, pour avoir une expreſſion de cette valeur, qui ne contienne qu'une même variable des trois x, y, z, avec ſa difference, & alors en l'integrant on aura la valeur cherchée de l'arc AN. S. $\sqrt{dx^2 + dy^2 + dz^2}$ ſera donc la formule générale de la rectification des courbes à double courbure.

REMARQUE.

94. SI l'on vouloit avoir la valeur de l'arc AN, par le moyen de la tangente Nt, il faudroit ſe ſervir ainſi des triangles ſemblables Nnh, NMt; NM, Nt :: nh, Nn, ou en termes algebriques, nommant t la tangente Nt, $z.t :: dz$, Nn qui ſeroit par conſequent $\frac{tdz}{z}$, valeur de l'élement de la courbe à double courbure; ainſi l'on a encore cette formule de rectification S. $\frac{tdz}{dz}$ qui peut être plus commode que l'autre, quand l'on ſçait la valeur de la tangente Nt exprimée en z. Fig. 25.

EXEMPLE I.

95. SOIT la courbe AM une parabole dont l'axe ſoit AP, le parametre a, & par conſequent l'équation $ax = yy$; ſoit encore la courbe PN une ſeconde parabole cubique qui ait pour parametre $\frac{9}{16}a$, pour axe PS perpendiculaire au plan de la baſe dans le Fig. 33.

point P, & ainsi pour équation $\frac{9}{16}azz = y^3$. On demande la valeur de l'axe AN de la courbe à double courbure dont les courbes de projection sont ces deux paraboles.

Ayant tiré de la premiere équation la valeur d'y qui sera $\sqrt{ax}$, on en prendra la differentielle pour avoir $dy = \frac{adx}{2\sqrt{ax}}$ & par consequent $dy^2 = \frac{adx^2}{4x}$. Ayant tiré ensuite de la seconde équation $z = \frac{4y^{\frac{3}{2}}}{3a^{\frac{1}{2}}}$ on en prendra aussi la differentielle & l'on aura $dz = \frac{2y^{\frac{1}{2}}dy}{a^{\frac{1}{2}}}$, qui étant quarrée donnera $dz^2 = \frac{4ydy^2}{a}$ ou $\frac{dx^2\sqrt{a}}{\sqrt{x}}$ en mettant pour y & dy leur valeur x & dx, substituant ensuite ces valeurs dans l'expression générale $\sqrt{dx^2 + dy^2 + dz^2}$ elle deviendra $\sqrt{dx^2 + \frac{adx^2}{4x} + \frac{dx^2\sqrt{a}}{\sqrt{x}}}$, qui se réduit à $dx + \frac{adx}{2\sqrt{ax}}$ dont l'integrale est $x + \sqrt{ax}$, ou $x + y$ valeur de l'arc AN cherché. Si l'on fait dans cette valeur $x = a$ l'on a $y = a$, & ainsi l'arc AN est alors double de AP.

EXEMPLE II.

96. SOIENT sur le plan de la base une courbe dont les axes soient ceux des x & des y, & l'équation $yy - 2aa = \sqrt[3]{9a^4xx}$, & sur le plan des y & des z une parabole dont le parametre soit a, l'axe celui des z, & par consequent l'équation $az = yy$ pour les courbes de projection de la courbe à double courbure, dont on demande la rectification.

On tirera d'abord de la premiere équation la valeur de x qui sera $\frac{\overline{yy - 2aa}^{\frac{3}{2}}}{3aa}$, & l'on en prendra la differentielle pour avoir $dx = \frac{ydy}{aa}\overline{yy - 2aa}^{\frac{1}{2}}$ qui donne $dx^2 = \frac{y^4dy^2 - 2a^2y^2dy^2}{a^4}$, on prendra ensuite la valeur de z dans la seconde équation qui sera $\frac{yy}{a}$, dont la differentielle est $\frac{2ydy}{a}$, & donne $\frac{4yydy^2}{aa}$.

Ainsi mettant ces valeurs de dz^2 & de dx^2 dans l'expression générale $\sqrt{dx^2+dy^2+dz^2}$ elle deviendra après la réduction, $\frac{yydy+aady}{aa}$, dont l'integrale $\frac{y^3}{3aa}+y$ sera si elle est complette la valeur cherchée de l'arc.

Pour le voir il n'y a qu'à supposer $x = o$, c'est-à-dire $y=\sqrt{2aa}$, & l'on aura $\frac{y^3}{3aa}+y=\frac{5}{3}\sqrt{2aa}$, au lieu de zero que l'on devroit alors trouver, ainsi il faut ôter cette quantité de la valeur $\frac{y^3}{3aa}+y$, ce qui donnera $\frac{y^3}{3aa}+y-\frac{5}{3}\sqrt{2aa}$ pour la valeur complette de l'arc.

EXEMPLE III.

Fig. 34. 97. SOIT proposé de rectifier la courbe à double courbure, qui a pour ses équations $ay = xx$ & $x^3 - 3axx + 3aax - a^3 = \frac{9}{4}azz$, c'est-à-dire dont les courbes de projection sont sur le plan de la base APM une parabole AM, dont le sommet est A, l'axe AQ, le parametre a, & sur le plan des x & des z, RAP, une seconde parabole cubique dont le parametre est $\frac{9}{4}a$, l'axe touchant AP, & le sommet E où AE est égal à a.

On aura $y = \frac{xx}{a}$, & $z = \frac{2}{3}\frac{\overline{x-a}^{\frac{3}{2}}}{a^{\frac{1}{2}}}$, d'où l'on tirera $dy = \frac{2xdx}{a}$ & $dz = \frac{\overline{x-a}^{\frac{1}{2}}dx}{a^{\frac{1}{2}}}$ qui donne $dy^2 = \frac{4xxdx^2}{aa}$ &

& $dz^2 = \frac{xdx^2 - adx^2}{a}$, d'où l'expression generale $\sqrt{dx^2 + dy^2 + dz^2}$ devient après la réduction $\frac{dx}{a}\sqrt{4xx + ax}$ dont l'integrale qui est la rectification cherchée, se trouve ainsi par le moyen de la quadrature de l'hyperbole.

Soit construit sur le plan de la base une hyperbole AI dont l'axe soit AP & les ordonnées $= \sqrt{4xx + ax}$, c'est-à-dire dont le sommet soit A & les axes determinez $\frac{1}{2}a$ & $\frac{1}{4}a$, si l'on divise par a l'espace API renfermé entre cette hyperbole, l'axe AP & l'ordonnée PI, la ligne qui en sera le quotient sera l'integrale de $\frac{dx}{a}\sqrt{4xx + ax}$, & par consequent si elle est complette, la valeur de l'arc FN.

Pour le sçavoir il n'y a qu'à remarquer que toutes les suppositions de x plus petite que a, donnent pour z des valeurs imaginaires, & que celle de $x = a$ donne le premier point F de la courbe à double courbure, de sorte que cette valeur de x doit, étant substituée dans la valeur de l'arc FN le rendre $= o$, ce qui n'arrive pas ici, car l'espace API est alors AEK qui par consequent se trouve de trop.

Pour avoir donc l'integrale complette, il n'y a qu'à ne compter seulement les espaces que depuis l'ordonnée EK, c'est-à-dire que les espaces EKPI divisez par a, sont les integrales complettes.

PROPOSITION II.

PROBLEME.

98. *SOIT la courbe à double courbure* AN, *avec ses axes* AP, AQ, AR, *& deux de ses courbes de projection* AM *&* AV *ou* PN, &c. *On propose de trouver la valeur de l'espace* APN *qui est une partie de la surface cylindrique* VAPN *élevée sur la courbe* AV, *deter-* Fig. 32.

minée par l'axe AP, *par la courbe* PN *& par la courbe à double courbure.*

Ayant ſuppoſé l'ordonnée *pm* infiniment proche de la premiere PM, on élevera deſſus le plan *pmn* perpendiculaire à celui de la baſe APM, & par conſequent parallele au plan PMN, & il coupera la ſurface cylindrique VAPN dans la courbe *pn* égale & ſemblable à la courbe PN, & la ſurface cylindrique RAMN, élevée ſur la courbe AM, dans l'ordonnée *mn*. Ce qui donnera la petite partie P*p*N*n* de la ſurface cylindrique VAPN, qui ſera l'élement de l'eſpace APN dont on cherche la valeur. Et en menant la petite ligne NG parallele à AP, on retranchera le petit triangle NG*n* qui pourra être conſideré comme nul. Ainſi l'élement cherché ſe reduit à la petite ſurface cylindrique P*p*NG dont la meſure ſera le produit de P*p* par l'arc PN.

Nommant donc AP, x, PMy, MNz comme à l'ordinaire, P*p* ſera dx, & AV ou PN. S. $\sqrt{dy^2+dz^2}$. La valeur de l'élement P*p*NG qui eſt P*p* × NP, ſe changera donc en dx. S. $\sqrt{dx^2+dy^2}$. Expreſſion generale dans laquelle ayant mis pour dx, dy^2 & dz^2 des valeurs qui ne contiennent que les mêmes variables, on n'aura plus qu'à intégrer pour avoir la valeur cherchée de l'eſpace APN.

EXEMPLE I.

99. SOIT la courbe de projection AM, une parabole ſimple dont l'axe ſoit AP, le ſommet A,
Fig. 33. le parametre a, & par conſequent l'équation $yy=ax$; ſoit encore la courbe de projection AV ou PN, une ſeconde parabole cubique dont l'axe touchant ſoit AQ ou PM, le ſommet P, le parametre auſſi a, & ainſi l'équation $azz=y^3$. On demande la valeur de l'eſpace APN renfermé entre la courbe à double courbure

que ces deux courbes de projection donnent, & entre la parabole cubique PN, & l'axe AP.

Ayant tiré de ces équations, celles-ci $x=\frac{yy}{a}$ & $z=\frac{y^{\frac{3}{2}}}{a^{\frac{1}{2}}}$, on en prendra les differentielles, & l'on aura $dx=\frac{2ydy}{a}$, & $dz=\frac{\frac{3}{2}y^{\frac{1}{2}}dy}{a^{\frac{1}{2}}}$ qui donne $dz^2=\frac{\frac{9}{4}ydy^2}{a}$, & par conséquent $\sqrt{dz^2+dy^2}=\frac{3dy\sqrt{y+\frac{4}{9}a}}{2a^{\frac{1}{2}}}$, dont l'integrale S. $\sqrt{dz^2+dy^2}$ est $\frac{\overline{y+\frac{4}{9}a}^{\frac{3}{2}}}{a^{\frac{1}{2}}}$.

Mettant cette valeur dans l'expression generale de l'élement de l'espace cherché, qui est dx. S. $\sqrt{dy^2+dz^2}$, elle deviendra $\frac{dx}{a^{\frac{1}{2}}}\times\overline{y+\frac{4}{9}a}^{\frac{3}{2}}$, ou en substituant pour dx sa valeur $\frac{2ydy}{a}$, $\frac{2ydy}{a^{\frac{3}{2}}}\times\overline{y+\frac{4}{9}a}^{\frac{3}{2}}$, dont il faut trouver l'integrale pour avoir la valeur de l'espace APN.

On pourra se servir à cet effet de l'article 680 de l'analyse démontrée, & l'on aura pour cette integrale, $\frac{4}{7a^{\frac{3}{2}}}\times\overline{y-\frac{8}{45}a}\times\overline{y+\frac{4}{9}a}^{\frac{5}{2}}$. Il faut voir à present si elle est complette, pour cela il n'y a qu'à faire $y=0$, & cette valeur devenant $\frac{4\times-\frac{8}{45}a\times\frac{4}{9}a^{\frac{5}{2}}}{7a^{\frac{3}{2}}}=-\frac{128}{2835}a^2$, au lieu de zero que l'on devroit trouver si l'integrale étoit complette, il faut y ajouter cette quantité $\frac{128}{2835}a^2$, & l'on aura $\frac{4\times\overline{y-\frac{8}{45}a}\times\overline{y+\frac{4}{9}a}^{\frac{5}{2}}}{7a^{\frac{3}{2}}}+\frac{128}{2835}a^2$ pour la valeur complette de l'espace cherché APM.

EXEMPLE II.

100. SOIT la courbe à double courbure RN, telle que ses courbes de projection AM & RV ou GN, sur le plan de la base, & sur le plan des y & des z, ayent pour équations $ax = yy$, & $\overline{yy + 2aa}^3 = 9a^4zz$; on demande la valeur de l'espace RGN terminé par la courbe à double courbure RN, la courbe GN & la droite HG, qui est celle dans laquelle le cylindre élevé sur la courbe RV coupe le plan RAP.

Fig. 35.

Ayant tiré de la seconde équation, la valeur de z qui sera $\frac{\overline{yy + 2aa}^{\frac{3}{2}}}{3aa}$, on en prendra la differentielle $\overline{yy + 2aa}^{\frac{1}{2}} \frac{xydy}{aa}$, qui étant quarrée donnera $dz^2 = \overline{yy + 2aa} \times \frac{dy^2}{a^4}$, & par consequent $\sqrt{dz^2 + dy^2} = \frac{yydy + aady}{aa}$ & S. $\sqrt{dz^2 + dy^2} = \frac{y^3}{3aa} + y$. Substituant cette valeur dans l'expression generale dx S. $\sqrt{dz^2 + dy^2}$ de l'élement de l'espace cherché, elle deviendra $\frac{y^3dx}{3aa} + ydx$ dans laquelle mettant à la place de dx sa valeur $\frac{2ydy}{a}$ tirée de l'équation $ax = yy$, on aura dx S. $\sqrt{dz^2 + dy^2} = \frac{2y^4dy}{3aa} + \frac{2yydy}{a}$ dont l'integrale $\frac{2y^5}{15a^3} + \frac{2y^3}{3a}$ sera la valeur cherchée de l'espace RGN.

Si l'on suppose dans cette valeur $y = 0$, elle deviendra aussi zero, ce qui fait voir que cette integrale est complette.

Si l'on suppose $y = a$ l'on aura $\frac{2}{15}aa + \frac{2}{3}aa = \frac{7}{15}aa$, pour la valeur de l'espace RGM, lorsque AP = PM = a.

PROPOSITION III.

PROBLEME.

101. *LES mêmes choses étant supposées que dans la Proposition précedente, trouver la valeur de l'espace* AVN, *c'est-à-dire ce qui manque à l'espace* APN *pour égaler la surface cylindrique* VAPN, *sans supposer la quadrature, ni de cet espace* APN, *ni de cette surface cylindrique* VAPN. Fig. 31.

Supposant le plan $qmnv$ infiniment proche & parallele au plan QMNV, il coupera le plan de la base dans l'ordonnée qm à l'axe AQ, & la surface cylindrique AVN dans la droite nv. De sorte que l'on aura la petite surface VNnv qui peut être considérée comme un plan, pour l'élement de l'espace AVN dont on cherche la valeur. Menant ensuite la petite droite NK parallele à Vv petit côté de la courbe AV, on aura le rectangle vVNK que l'on pourra regarder comme égal à l'élement VNnv, puisqu'il ne lui manque que le triangle NnK qui est infiniment petit par rapport à lui.

Pour avoir la valeur de cet élement, il est clair que l'on n'aura qu'à multiplier Vv par VN, ainsi nommant comme à l'ordinaire AQ ou PM y, QM ou AP ou VN x, & MN z; on aura V$v = \sqrt{dz^2 + dy^2}$, & par consequent V$v \times$ VN $= x\sqrt{dz^2 + dy^2}$ dont l'integrale S. $x\sqrt{dz^2 + dy^2}$ sera la valeur cherchée de l'espace VAN.

REMARQUE I.

102. L'ON peut tirer de là une autre valeur de l'espace APN, pour cela il n'y a qu'à ôter la valeur $S. x\sqrt{dy^2+dz^2}$ de l'espace AVN que l'on vient de trouver, de celle de la surface cylindrique VAPN, qui est $x S. \sqrt{dy^2+dz^2}$, cette surface cylindrique étant le produit de AP par l'arc PN. Ainsi on aura cette nouvelle formule $x\ S. \sqrt{dy^2+dz^2} - S. x\sqrt{dy^2+dz^2}$ pour la quadrature des espaces APN, qui aura cet avantage sur celle qu'on a donnée dans l'article 98, qu'elle pourra être appliquée dans les cas où la courbe PN n'est pas rectifiable.

REMARQUE II.

103. ON voit aisément que ces deux valeurs de l'espace APN reviennent au même, si l'on en prend les differentielles.

EXEMPLE I.

104. SOIENT les courbes AM & AV deux paraboles qui ayent pour axes ceux des x & des y AP & AQ, pour parametres a & b, pour sommet commun le point A. On demande la valeur de l'espace AVN renfermé entre la parabole AV, la droite NV & la courbe à double courbure que donnent ces deux courbes de projection.

On voit aisément que les équations de ces paraboles seront $ax = yy$ & $by = zz$, d'où l'on tirera $y = \frac{zz}{b}$ & $x = \frac{yy}{a} = \frac{z^4}{bba}$, & par consequent $dy^2 = \frac{4zzdz^2}{bb}$. Ainsi mettant ces valeurs dans l'expression generale $x\sqrt{dz^2+dy^2}$ de l'élement de l'espace cherché, on la changera en

$\frac{z^4 dz}{bba}\sqrt{\frac{4zz+bb}{bb}}$, dont l'integrale se trouvera par la quadrature de l'hyperbole, ou bien par la rectification de la parabole, c'est-à-dire par l'integrale de $dz\sqrt{\frac{4zz+bb}{bb}}$. On se servira pour cet effet de l'art. 722 de l'analyse démontrée. On trouvera d'abord l'integrale de $\frac{zzdz}{bba}\sqrt{\frac{4zz+bb}{bb}}$ qui sera $z\times\frac{\overline{4zz+bb}^{\frac{3}{2}}}{16b^3a} - \frac{S.\ dz\sqrt{\frac{4zz+bb}{bb}}}{16a}$, par le moyen de laquelle on aura celle

de $\frac{z^4}{bba}dz\sqrt{\frac{4zz+bb}{bb}}$, qui sera $z^3\times\frac{\overline{4zz+bb}^{\frac{3}{2}}}{24ab^3}$ $- z\times\frac{\overline{4zz+bb}^{\frac{3}{2}}}{16b\times 8a} + \frac{bb}{16\times 8a}\times S.\ dz\sqrt{\frac{4zz+bb}{bb}}$ valeur de l'espace AVN.

COROLLAIRE.

105. Si l'on vouloit avoir la valeur de l'espace APN, il est clair qu'il n'y auroit qu'à ôter l'espace AVN de la surface cylindrique AVNP, dont la mesure est PA × PN, ou en termes algebriques mettant pour AP sa valeur en z, qui est $\frac{z^4}{bba}$, & pour l'arc PN la sienne S. $dz\sqrt{\frac{4zz+bb}{bb}}$, $\frac{z^4}{bba}\times$ S. $dz\sqrt{\frac{4zz+bb}{bb}}$. Otant donc de cette valeur celle que l'on vient de trouver de l'espace AVN, on aura $\overline{\frac{z^4}{bba} - \frac{bb}{16\times 8a}}\times$ S. dz $\sqrt{\frac{4zz+bb}{bb}} + z\times\frac{\overline{4zz+bb}^{\frac{3}{2}}}{16\times 8ab} - z^3\times\frac{\overline{4zz+bb}^{\frac{3}{2}}}{24ab^3}$ qui est la valeur de l'espace APN, qui suppose de même

que celle de l'espace AVN, la quadrature de l'hyperbole ou la rectification de la parabole.

EXEMPLE II.

106. SOIT supposé comme ci-dessus la courbe AM, une parabole, dont l'axe soit AP, le sommet A, le parametre a, pour la courbe de projection de la courbe à double courbure sur le plan de la base, mais soit au lieu de l'autre parabole AV un cercle RV dont le centre soit A & le rayon AR $= a$, pour courbe de projection sur le plan RAQ. On demande la valeur de l'espace RVN, & par son moyen celle de l'espace NER qui est ce qui lui manque de la surface cylindrique RENV. *Fig. 36.*

L'on a donc ainsi $ax = yy$ & $yy + zz = aa$, & il ne s'agit que de trouver par le moyen de ces équations la valeur de S. $x\sqrt{dy^2 + dz^2}$, pour cela l'on tirera la valeur d'x en y de la premiere équation & elle sera $\frac{yy}{a}$, ensuite on tirera de la seconde celle de z aussi en y qui se trouvera $\sqrt{aa - yy}$, & qui donnera par sa differentielle $dz = -\frac{ydy}{\sqrt{aa-yy}}$, & par consequent $dz^2 = \frac{yydy^2}{aa-yy}$ qui étant ajoutée à dy^2 donne $\frac{aady^2}{aa-yy} = dy^2 + dz^2$ dont la racine est $\frac{ady}{\sqrt{aa-yy}} = \sqrt{dy^2 + dz^2}$.

Pour avoir donc la valeur de S. $x\sqrt{dy^2 + dz^2}$, il n'y a qu'à multiplier $\frac{ady}{\sqrt{aa-yy}}$ par $\frac{yy}{a}$ qui est la valeur de x, & l'on aura $\frac{yyady}{a\sqrt{aa-yy}}$ qu'il faudra ensuite integrer en se servant de l'art. 722 de l'analyse démontrée, & l'on trouvera

trouvera $a\,S.\,\frac{ady}{\sqrt{aa-yy}} - \frac{1}{2}y\overline{aa-yy}^{\frac{1}{2}}$ pour cette integrale qui eſt la valeur de l'eſpace RVN.

L'on aura celle de l'eſpace REN, en ôtant cette valeur de celle de la ſurface cylindrique RENV qui eſt RE×EN ou $x \times S.\,\frac{ady}{\sqrt{aa-yy}}$, ce qui donnera $x \times S.$

$\frac{ady}{\sqrt{aa-vv}} - a\,S.\,\frac{ady}{\sqrt{aa-yy}} + \frac{1}{2}y\overline{aa-yy}^{\frac{1}{2}}$ ou $\frac{1}{2}y$

$\sqrt{aa-yy} - \overline{a-x}\,S.\,\frac{ady}{\sqrt{aa-yy}}$ ou $\frac{1}{2}xy - \overline{a-x} \times v$,

nommant l'arc EN, v.

EXEMPLE III.

107. SOIT la courbe à double courbure telle que ſes deux courbes de projection ſur le plan de la baſe, & ſur celui des y & des z, ayent pour équations $aa = yz$ & $a^6 = xy^5$, c'eſt-à-dire qu'elles ſoient deux hyperboles entre leurs aſymptotes, l'une ſimple l'autre du ſixiéme degré, on demande la valeur de l'eſpace $S.\,x\sqrt{dy^2+dz^2}$.

On tirera de ces équations les valeurs de x & de z en y qui ſeront $\frac{a^6}{y^5}$ & $\frac{aa}{y}$, & qui donneront $dz = -\frac{aa}{yy}dy$ & $dz^2 = \frac{a^4}{y^4}dy^2$, & par conſequent $\sqrt{dy^2+dz^2} = dy\sqrt{\frac{a^4+y^4}{y^4}}$, de ſorte que $x\sqrt{dy^2+dz^2}$ qui eſt la valeur de l'element de l'eſpace cherché ſe changera en $\frac{a^6}{y^5}dy\sqrt{\frac{a^4+y^4}{y^4}}$, qu'il faudra integrer pour avoir la valeur de cet eſpace.

Pour cela on changera cette differentielle $\frac{a^6}{y^5}dy\sqrt{\frac{a^4+y^4}{y^4}}$

en cette expression $a^8 y^{-5} dy \times \overline{y^{-4} + a^{-4}}^{\frac{1}{2}}$, dont l'integrale $-\frac{2}{3} \times \frac{1}{4} a^8 \overline{y^{-4} + a^{-4}}^{\frac{3}{2}}$ ou $-\sqrt{a^4 + y^4} \times \frac{\overline{a^6 + aay^4}}{6y^6}$ sera la valeur cherchée de l'espace S. $x \times \sqrt{dy^2 + dz^2}$.

PROPOSITION IV.

PROBLEME.

108. *SOIT encore la Courbe à double courbure* AN, *avec ses axes* AP, AQ, AR, *ses courbes de projection* AV *ou* PN *&* AM *sur les plans* QAR, APM, *si l'on imagine que la surface cylindrique* VAPN *élevée perpendiculairement sur la courbe* AV, *s'étende le long du plan* RAP *& se dévelope pour ainsi dire, en sorte que toutes les courbes* PM *deviennent des droites* PO, *la courbe à double courbure se changera en une courbe plane* AO, *dont on demande la nature.*

Fig. 37.

Le Probleme se réduit à trouver quelle est la courbe dont les abscisses sont AP, & les ordonnées PO égales aux arcs PN des courbes PN. Ainsi nommant AP, x; PM, y; MN, z; comme à l'ordinaire, & de plus ces ordonnées PO, v; on aura PO, $v =$ PN $=$ S. $\overline{dy^2 + dz^2}$, ce qui donnera l'équation $dv = \sqrt{dz^2 + dy^2}$ pour celle de la courbe cherchée AO.

Ayant donc les équations des courbes AM, PN, on trouvera par leur moyen les valeurs de dz & de dy, en x & en dx, & les substituant dans cette équation elle ne sera plus composée que de dv, de x & de dx, & exprimera par consequent la nature de la courbe AO.

COROLLAIRE.

109. IL est clair que cette courbe AO ne sera géométrique que toutes les fois que la courbe PN sera rectifiable.

REMARQUE I.

110. SI l'on vouloit avoir l'équation de la courbe AI formée par la courbe à double courbure en étendant le long du plan QAR, la surface cylindrique RAMN élevée sur la courbe AM, on nommeroit son abscisse AQ égale à l'arc AM, s, & l'on auroit $ds = \sqrt{dx^2 + dy^2}$, dans laquelle mettant pour dx & pour dy leurs valeurs en z & dz trouvées par le moyen des courbes AM, AV, on en auroit l'équation cherchée. *Fig. 38.*

REMARQUE II.

111. SI l'on demandoit l'équation de la courbe AX que la courbe à double courbure forme, lorsque l'on étend la surface cylindrique ASN élevée sur la courbe de projection AS, le long du plan QAR, il n'y auroit qu'à nommer son abscisse AR égale à l'arc AS, t; & l'on auroit $dt = \sqrt{dx^2 + dz^2}$ qui étant réduite en dt en dy, & y par le moyen des équations des courbes de projection, deviendroit l'équation de la courbe cherchée AX. *Fig. 39.*

EXEMPLE I.

112. SOIT la courbe à double courbure RN qui ait pour ses courbes de projection sur le plan APM de la base, & le plan RAQ des y & des z, une parabole AM dont a soit le parametre, AP l'axe, le sommet A, & par consequent l'équation $ax = yy$, & un cercle RV ou GNF dont A ou P soit le centre, a le rayon & par consequent l'équation $aa - yy = zz$. On demande l'équation de la courbe RO formée par la courbe à double courbure, en étendant le long du plan RAP, la surface cylindrique RGN élevée sur le cercle RV. *Fig. 40.*

Ayant tiré par le moyen des équations $ax = yy$ & $aa - yy = zz$ les valeurs de y, & de z en x qui seront $\sqrt{ax}$ & $\sqrt{aa - ax}$, on en prendra les differences pour avoir $dy = \frac{adx}{2\sqrt{ax}}$, & $dz = -\frac{adx}{2\sqrt{aa - ax}}$, qui étant quarrées donneront $dy^2 = \frac{aadx^2}{4ax}$ & $dz^2 = \frac{aadx^2}{4aa - 4ax}$, ainsi substituant ces valeurs dans l'équation generale $dv = \sqrt{dz^2 + dy^2}$, elle deviendra $dv = \sqrt{\frac{aadx^2}{4aa - 4ax} + \frac{aadx^2}{4ax}}$, ou en réduisant $dv = \frac{adx}{2\sqrt{ax - xx}}$ qui est l'équation cherchée de la courbe RO & qui est une des courbes des arcs appellée la compagne de la cicloïde, dont le diametre du cercle generateur seroit a.

EXEMPLE II.

113. SOIT la courbe à double courbure qui ait pour ses courbes de projection, sur le plan de la base une seconde parabole cubique dont le parametre soit a, & l'axe touchant celui des x, & sur le plan des y & des z, une parabole simple dont le parametre soit aussi a, & l'axe celui des y. On demande la courbe formée par la courbe à double courbure, en étendant la surface cylindrique élevée sur la parabole cubique le long du plan des y & des z.

Ayant tiré des équations des courbes de projection les valeurs de y & de x en z qui seront $\frac{zz}{a}$ & $\frac{z^{\frac{4}{3}}}{a^{\frac{1}{3}}}$, on en prendra les differences & l'on aura $dy = \frac{2zdz}{a}$, & $dx = \frac{4z^{\frac{1}{3}}dz}{3a^{\frac{1}{3}}}$ qui donnent en quarrant $dy^2 = \frac{4zzdz^2}{aa}$ & $dx^2 = \frac{16z^{\frac{2}{3}}dz^2}{9a^{\frac{2}{3}}}$.

Subſtituant ces valeurs dans la formule generale $ds = \sqrt{dx^2 + dy^2}$ elle deviendra $ds = \sqrt{\frac{4zzdz^2}{aa} + \frac{16z^{\frac{2}{3}}dz^2}{9a^{\frac{2}{3}}}}$

ou $\frac{2z^{\frac{1}{3}}dz\sqrt{\frac{4}{9}a^{\frac{4}{3}} + z^{\frac{4}{3}}}}{a}$ qui eſt l'équation differentielle de la courbe cherchée, & qui étant integrée donne $s = \frac{\overline{z^{\frac{4}{3}} + \frac{4}{9}a^{\frac{4}{3}}}^{\frac{3}{2}}}{a}$

On voit aiſément que cette integrale n'eſt pas complette, car comme elle doit être l'équation de la courbe cherchée, & que cette courbe doit paſſer par l'origine des coordonnées, il faudroit qu'en faiſant $z = 0$ on eût auſſi $ſ = 0$, au lieu que l'on a $ſ = \frac{8}{27}a$; il faut donc ajouter $\frac{8}{27}a$ au premier membre de l'équation précedente pour avoir l'integrale complette $s + \frac{8}{27}a = \frac{\overline{z^{\frac{4}{3}} + \frac{4}{9}a^{\frac{4}{3}}}^{\frac{3}{2}}}{a}$ qui eſt l'équation de la courbe cherchée.

EXEMPLE III.

114. SUPPOSANT pour les courbes de projection d'une courbe à double courbure, ſur le plan de la baſe une parabole $ax = yy$, & ſur le plan des y & des z, une courbe dont l'équation ſoit $y^6 - 6aay^4 + 12a^4yy - 8a^6 = 9a^4zz$. On demande la courbe formée par le dévelopement de la ſurface cylindrique élevée ſur cette courbe de projection des y & des z.

On changera les équations $ax = yy$ & $9a^4zz = y^6 - 6aay^4 + 12a^4yy - 8a^6$ en celles-ci $y = \sqrt{ax}$ & $z = \frac{\overline{yy - 2aa}^{\frac{3}{2}}}{3aa} = \frac{\overline{ax - 2aa}^{\frac{3}{2}}}{3aa}$ qui donneront $dy = \frac{adx}{2\sqrt{ax}}$ & $dz = \frac{dx\,\overline{ax - aa}^{\frac{1}{2}}}{2a}$ & par conſequent $dy^2 = \frac{adx^2}{4x}$ & $dz^2 = \frac{xdx^2 - 2a\,dx^2}{4a}$. Ainſi l'on aura donc $\sqrt{dy^2 + dz^2} = \sqrt{\frac{adx^2}{4x} + \frac{xdx^2 - 2adx^2}{4a}}$

$= \frac{xdx - adx}{2\sqrt{ax}}$ ou $dv = \frac{x^{\frac{1}{2}}dx}{2a^{\frac{1}{2}}} - \frac{a^{\frac{1}{2}}dx}{2x^{\frac{1}{2}}}$, dont l'integrale est $v = \frac{x^{\frac{3}{2}}}{3a^{\frac{1}{2}}} - a^{\frac{1}{2}}x^{\frac{1}{2}} = \frac{xx - 3ax}{3\sqrt{ax}}$.

Si cette integrale est complette, il est clair qu'elle est l'équation de la courbe cherchée. Pour le voir il n'y a qu'à remarquer qu'en faisant $z = 0$, ou ce qui revient au même $y = \sqrt{2aa}$ ou $x = 2a$, la valeur de v devroit être aussi $= 0$, au lieu que l'on trouve $v = -\frac{1}{3}\sqrt{2aa}$. Il faut donc ajouter cette quantité $\frac{1}{3}\sqrt{2aa}$ à la valeur de v pour avoir l'integrale complette $v = \frac{xx - 3ax}{3\sqrt{ax}} + \frac{1}{3}\sqrt{2aa}$ qui est l'équation de la courbe cherchée.

PROPOSITION VI.

PROBLEME.

115. *La courbe à double courbure* AN *étant toujours donnée avec ses axes* AP, AQ, AR, *ses co-* Fig. 32. *ordonnées* AP, PM, MN, *& ses équations ; on propose de trouver la valeur du solide* APMN *déterminé par la base* APM, *par le plan* PMN *& par les parties* APN, AMN, *des surfaces cylindriques* VAPN, RAMN *comprises entre la courbe à double courbure, le plan de la base* APM *& les plans* PMN, QMN.

Ayant mené le plan *pmn* infiniment proche & parallele au plan PMN, il formera le petit solide NP*pmn*M, qui sera l'élement du solide cherché AMNP.

Elevant ensuite le petit plan NMHG perpendiculaire à la base, il formera une espece de prisme NGHMP*p*, qui pourra être consideré comme égal à cet élement, dont l'on aura par consequent la valeur en multipliant l'espace P M N par P p. Ainsi nommant A P, x; P M, y; M N, z; comme à l'ordinaire P p sera dx, mH, dy; & l'espace P M N S. zdy qui étant multiplié par P p, donnera dx S. zdy pour la valeur du petit solide élementaire dont l'integrale sera celle du solide AMNP cherché.

Pour avoir cette integrale il faudra par le moyen de l'équation de la courbe P N, réduire la valeur de S. zdy en z, ou en y, & de là en x, par le moyen de l'équation de la courbe A M, afin que la valeur de l'élement soit exprimée en x & dx, ou bien l'on mettra à la place de dx sa valeur en z & dz ou en y & dy, si l'on veut que la valeur de l'élement soit entierement composée de z & de dz ou de y & de dy.

EXEMPLE I.

116. SOIT la courbe à double courbure A N N telle que ses courbes de projection sur le plan de la base A P M, & sur le plan des y & des z, soient deux paraboles qui ayent pour équations $ax = yy$ & $by = zz$. Il faut trouver la valeur du solide AMNP.

Ayant mis dans la valeur de l'élement N pmn M P qui est dx S. zdy, à la place de z sa valeur $\sqrt{by}$, elle deviendra dx S. $dy\sqrt{by}$ ou dx S. $\sqrt{b\sqrt{ax}} \times dy$, en mettant à la place de y sa valeur $\sqrt{ax}$, & elle se changera encore en dx S. $\sqrt{b\sqrt{ax}} \times \frac{adx}{2\sqrt{ax}} = \frac{1}{2}dx\, a^{\frac{3}{4}} b^{\frac{1}{2}}$ S. $x^{-\frac{1}{4}}dx$, en mettant pour dy sa valeur $\frac{adx}{2\sqrt{ax}}$, mais S. $x^{-\frac{1}{4}}dx = \frac{4}{3}x^{\frac{3}{4}}$. Donc la valeur de l'élement sera, $\frac{1}{2}a^{\frac{3}{4}}b^{\frac{1}{2}} \times \frac{4}{3}x^{\frac{3}{4}}dx$, qui étant integrée donnera $\frac{8}{21}a^{\frac{3}{4}}b^{\frac{1}{2}}x^{\frac{7}{4}}$ ou bien $\frac{8}{21}\frac{y^3z}{a}$ pour la valeur cherchée du solide A P M N.

EXFMPLE II.

117. SOIT en general la courbe de projection AM une parabole dont le degré ſoit m & le parametre a, & par conſequent l'équation $y^{m} = a^{m-1}x$, & l'autre courbe de projection PN auſſi une parabole, mais dont le degré ſoit n, le parametre b, & ainſi l'équation $z^{n} = b^{n-1}y$. On propoſe de trouver la valeur du ſolide APMN.

Ayant tiré de l'équation $z^{n} = b^{n-1}y$ la valeur de z qui ſera $b^{\frac{n-1}{n}}y^{\frac{1}{n}}$, & ayant pris la differentielle de l'équation $y^{m} = a^{m-1}x$ pour avoir celle de dx qui ſera $\frac{my^{m-1}dy}{a^{m-1}}$, on ſubſtituera ces valeurs de z & de dx dans la formule generale dx S. zdy qui deviendra $\frac{my^{m-1}dy}{a^{m-1}}$ $\times$ S. $b^{\frac{n-1}{n}}y^{\frac{1}{n}}dy$. Enſuite comme S. $b^{\frac{n-1}{n}}y^{\frac{1}{n}}dy = \frac{n}{n+1}b^{\frac{n-1}{n}}y^{\frac{n+1}{n}}$, on changera cette valeur en $\frac{mnb^{\frac{n-1}{n}}}{\overline{n+1}\times a^{m-1}} \times y^{\frac{mn+1}{n}}dy$ dont l'integrale $\frac{n}{mn+n+1} \times \frac{mn}{n+1} \times \frac{b^{\frac{n-1}{n}}}{a^{m-1}} \times y^{\frac{mn+n+1}{n}}$ ſera la valeur generale de tous les ſolides APMN de quelques dégrez que ſoient les paraboles AM, PN.

Si l'on veut ſçavoir par exemple la valeur de ce ſolide quand la parabole AM eſt du premier degré, & la parabole PN la premiere du troiſiéme, il n'y a qu'à faire $m = 2$, $n = 3$, & mettre ces valeurs dans celle du ſolide & on aura $\frac{9}{20}\frac{b^{\frac{2}{3}}y^{\frac{10}{3}}}{a}$ ou $\frac{9}{20}\frac{y^{3}z}{a}$, ſi l'on vouloit que la courbe AM fût auſſi la premiere parabole cubique, l'on auroit auſſi $m = 3$, & le ſolide auroit

valu

valu $\frac{27}{52}\frac{y^4 z}{aa}$. Pour avoir une expreſſion generale de la valeur du ſolide lorſque les deux paraboles ſont du même degré, on n'a qu'à faire $m = n$ & l'on aura

$$\frac{m^3}{\overline{mm+m+1}\times\overline{m+1}} \times \frac{b^{\frac{m-1}{m}}}{a^{m-1}} \times y^{\frac{mm+m+1}{m}}.$$

REMARQUE.

118. IL eſt clair que cet exemple eſt non-ſeulement general pour toutes les paraboles à l'infini, mais encore pour toutes les hyperboles, car on n'a qu'à faire l'expoſant m negatif, & alors la courbe de projection ſur le plan de la baſe ſera une hyperbole du degré m, de même ſi l'on faiſoit n negatif, la courbe de projection ſur le plan des y & des z ſeroit auſſi une hyperbole. Par exemple faiſant $m = -1$ & $n = -2$, la courbe de projection ſur le plan de la baſe eſt une hyperbole du premier degré, & la courbe de projection ſur le plan des y & des z, une hyperbole du troiſiéme.

Pour avoir dans ce cas la valeur du ſolide on n'a qu'à mettre dans ſon expreſſion generale à la place des lettres m & n, ces valeurs -1 & -2, & l'on trouvera $\frac{4b^{\frac{3}{2}}a^2}{y^{\frac{1}{2}}}$ pour la valeur de ce ſolide.

Si l'on vouloit que la courbe de projection ſur le plan de la baſe fût une hyperbole ſimple IM, & la courbe de projection des y & des z une parabole AV du premier degré, il faudroit faire $m = -1$ & $n = 2$ dans la valeur generale, ce qui donneroit $-\frac{4}{3}aaz$ pour la valeur du ſolide, qui eſt alors NMPPMN, au lieu de APMN, parceque cette valeur eſt negative. Fig. 41.

EXEMPLE III.

119. SOIT pour la courbe de projection ſur le plan de la baſe, un cercle DME dont le centre ſoit A & le rayon a, & par conſequent l'équation Fig. 42.

$xx + yy = aa$, & pour la courbe de projection fur le plan des y & des z, une courbe AVD ou PN dont l'équation foit $aaz = aay - y^3$, il faut trouver la valeur du folide AVDNMP.

En fubftituant dans l'expreffion generale dx S. zdy de l'élement de ce folide, à la place de z, fa valeur $\frac{aay - y^3}{aa}$, elle deviendra $dx \times \frac{\frac{1}{2}aayy - \frac{1}{4}y^4}{aa}$, ou bien $dx \times \frac{\frac{1}{4}a^4 - \frac{1}{4}x^4}{aa} = \frac{1}{4}aadx - \frac{x^4dx}{4aa}$, en mettant $aa - xx$ à la place de yy. Prenant enfuite l'integrale de cette valeur élementaire on aura $\frac{1}{4}aax - \frac{x^5}{20aa}$ pour la valeur cherchée du folide AVDNMP.

Si l'on fait dans cette valeur $x = 0$, elle deviendra auffi zero, ce qui fait voir que l'integrale eft complette. Faifant $x = a$ le point P tombera dans le point E, de même que le point M & N, & l'on aura $\frac{1}{4}a^3 - \frac{1}{10}\frac{a^5}{aa} = \frac{1}{5}a^3$ pour la valeur du folide total DMENAV.

EXEMPLE IV.

120. SOIT la courbe BM dont l'axe foit AP, l'origine des abfciffes A, & l'équation $x^4 - aaxx = aayy$, pour la courbe de projection fur le plan de la bafe, & *Fig. 43.* la parabole PN dont l'équation eft $yy = bz$, pour la courbe de projection fur le plan des y & des z. On demande la valeur du folide BPMN.

L'expreffion generale de ce folide étant S. dx S. zdy, on y fubftituera à la place de z, fa valeur $\frac{yy}{b}$; & l'on aura pour la valeur de ce folide S. $\frac{y^3dx}{3b}$ ou $\frac{-1}{3a^3b} \times$ S. $x^3dx \times \overline{xx - aa}^{\frac{3}{2}}$, en mettant pour y fa valeur tirée de l'équation de la courbe BM.

Pour trouver l'integrale de $x^3dx \times \overline{xx-aa}^{\frac{3}{2}}$, on pourra se servir de l'article 722 de l'analyse démontrée, en supposant A $=$ S. $xdx \times \overline{xx-aa}^{\frac{3}{2}}$, qui est $\frac{1}{5}\overline{xx-aa}^{\frac{5}{2}}$. on trouvera par cet article S. $x^3dx \times \overline{xx-aa}^{\frac{3}{2}}$ $= \frac{xx \times \overline{xx-aa}^{\frac{5}{2}} + 2aa\mathrm{A}}{7} = \frac{\overline{xx-aa}^{\frac{5}{2}} \times \overline{xx+\frac{2}{5}aa}}{7}$.

Ainsi la valeur du solide BPMN sera $\frac{\overline{xx-aa}^{\frac{5}{2}} \times \overline{xx+\frac{2}{5}aa}}{21a^3b}$, faisant $x = a$ cette integrale deviendra égale à zero, ce qui fait voir qu'elle est complette.

PROPOSITION VI.

PROBLEME.

121. *SUPPOSANT comme dans la Proposition précedente, la courbe à double courbure* A N n, *avec ses axes* AP, AQ, AR, *& ses courbes de projection* AM, AV, *sur le plan de la base, & le plan des* y *& des* z. *On demande la valeur du solide* AMNVQ, *c'est-à-dire ce qui manque au solide* AMNP *pour égaler le prisme* APMNVQ. *La cubature de ce solide* AMNP, *& celle du prisme n'étant point données.* Fig. 44.

Soit mené le plan $unmq$ infiniment proche & parallele au plan VNMQ, & l'on aura le petit solide VunNMmQq qui sera l'élement du solide cherché.

Ayant ensuite fait passer par les droites VN, NM, les plans VfgN, NgKM, ils retrancheront les petites prismes triangulaires VufgLN, NLnKmM qui pourront être regardez comme nuls, & il restera le parallele pipede VfgNMKQq, qui pourra être pris pour l'élement VunNMmQq du solide cherché.

Pour avoir la valeur de cet élement, il est clair qu'il n'y aura qu'à multiplier Qq par le rectangle VNMQ.

Nommant donc AP, x, PM, y, MN z, comme à l'ordinaire, on aura $Qq = dy$, & $VNMQ = xz$, & ainsi $xzdy$ pour la valeur de cet élement, dont l'integrale sera par consequent celle du solide cherché.

REMARQUE.

122. ON tire de cette proposition une valeur du solide APMN, autre que celle que l'on a trouvée dans le prôbleme précedent, car on n'aura qu'à retrancher de xx S. zdy qui est la valeur du prisme APMNVQ, la valeur S. $xzdy$ que l'on vient de trouver du solide AMNVQ. On trouvera dans cette nouvelle valeur cet avantage sur la premiere, qui est que l'on pourra l'appliquer dans les cas où la courbe PN n'est pas quarrable.

COROLLAIRE.

123. ON voit aisément que ces deux valeurs du solide APMN reviennent au même, si l'on en prend les differentielles.

EXEMPLE I.

124. SOIT la courbe à double courbure RNC qui ait pour courbe de projection sur le plan de la Fig. 36. base, une parabole AM dont le sommet soit A, l'axe AP, le parametre a, & par consequent l'équation $ax = yy$ & sur le plan RAQ des y & des z, un cercle RVD dont le centre soit A & le rayon a, & ainsi l'équation $yy + zz = aa$. Il faut trouver la valeur du solide ARNMQV, & par son moyen celle du solide ARENMP.

On tirera des équations précedentes les valeurs de y, de z & de dy, qui seront $\sqrt{ax}$, $\sqrt{aa - yy}$ ou $\sqrt{aa - ax}$,

& $\frac{adx}{2\sqrt{ax}}$; mettant ensuite ces valeurs dans $xzdy$ qui est celle de l'élement du solide cherché, on aura $x\sqrt{aa - ax} \times \frac{adx}{2\sqrt{ax}}$ ou $\frac{1}{2}adx\sqrt{ax - xx}$, dont l'integrale $\frac{1}{2}a$ S. $dx\sqrt{ax - xx}$ est la valeur du solide.

La construction en est aisée, on décrira sur le plan APM & sur le diametre AF $= a$ un demi cercle, & on élevera dessus un cylindre qui ait pour hauteur son rayon, & la portion de ce cylindre qui sera déterminée par la section du plan PMN sera la valeur du solide ARMNQV.

Pour avoir maintenant celle du solide AREMNP, on n'a qu'à ôter cette valeur de celle du solide cylindrique ARE, PMNQV dont la mesure est le produit de AD par l'espace PEMN, & l'on aura x S. $dy\sqrt{aa - yy} - \frac{1}{2}a$ S. $dx\sqrt{ax - xx}$.

Si l'on fait AP, $x =$ AF, a; le solide RVNMQA deviendra ARCD, & sa valeur sera le produit de $\frac{1}{2}$ AF par le demi cercle : & le solide ARPEMN, deviendra RAFBG, & sa valeur le produit de $\frac{1}{2}a$ par le demi cercle.

EXEMPLE II.

115. SOIT la courbe à double courbure, telle que ses courbes de projection soient, sur le plan de base une premiere parabole cubique AM dont l'équation soit $aax = y^3$, & sur le plan des y & des z, une courbe RVD dont l'équation soit $y^4 = a^4 - z^4$, on propose de cuber le solide ARMNVQ.

On tirera de la premiere équation la valeur de x en y qui sera $\frac{y^3}{aa}$, & de la seconde celle de qui sera $\sqrt[4]{a^4 - y^4}$, & on les mettra dans la formule generale elementaire $xzdy$, qui deviendra $\frac{y^3\,dy\,\sqrt[4]{a^4 - y^4}}{aa}$, dont l'integrale devroit être la valeur de la cubature cherchée.

Mais comme cette integrale qui eſt $-\frac{1}{5aa}\overline{a^4-y^4}^{\frac{5}{4}}$ eſt negative, elle n'exprime que le ſolide negatif VQDCMN qui eſt le complement du ſolide cherché au ſolide total ARDC. Pour avoir donc la valeur du ſolide cherché, il faut trouver celle du ſolide total ARDC, & en ôter la valeur que l'on vient de trouver du ſolide negatif VQDCMN. On trouvera cette valeur du ſolide total ARDC en ſuppoſant $y=0$ dans l'integrale précedente, ce qui donnera $\frac{a^3}{5}$, dont il n'y aura plus qu'à ôter celle du ſolide negatif VQDCMN pour avoir la valeur cherchée du ſolide ARMNVQ, qui ſera $\frac{a^3}{5}-\frac{\overline{a^4-y^4}^{\frac{5}{4}}}{5aa}$.

Il eſt aiſé de voir que cette integrale eſt complette, en ſuppoſant $y=0$, parceque l'on a alors pour la valeur du ſolide ARMNVQ, $\frac{a^3}{5}-\frac{a^5}{5aa}=0$.

EXEMPLE III.

126. SOIT à preſent une courbe à double courbure qui ait pour courbe de projection le plan de la baſe, une parabole ſimple $ax=yy$, & ſur le plan des y & des z, une hyperbole $xy=aa$; il s'agit de trouver la valeur du ſolide S. $xzdy$.

On tirera de la premiere équation, $y=\sqrt{ax}$, & par conſequent $dy=\frac{adx}{2\sqrt{ax}}$, & de la ſeconde $z=\frac{aa}{y}=\frac{aa}{\sqrt{ax}}$, de ſorte que la valeur élementaire $xzdy$ deviendra $x\times\frac{aa}{\sqrt{ax}}\times\frac{adx}{2\sqrt{ax}}=\frac{a^3xdx}{2ax}=\frac{aadx}{2}$, dont l'integrale $\frac{1}{2}aax$ eſt la valeur du ſolide cherché.

On auroit pû encore trouver cette valeur, en prenant celles de x & de z en y, ce qui auroit donné $xzdy=aydy$ dont l'integrale $\frac{1}{2}ayy$ ſeroit auſſi la valeur du ſolide cherché.

EXEMPLE IV.

127. SOIT la courbe BMC dont l'axe ſoit AP, & l'équation $y^4 = a^4 - aaxx$, pour la courbe de projection ſur le plan de la baſe APM, & la courbe ASC dont l'axe ſoit auſſi AP, & l'équation $aaz^4 = aax^4 - x^6$, pour la courbe de projection ſur le plan RAP des x & des z. On propoſe ici de trouver la valeur du ſolide APSMNB déterminé par les plans APM, APS, PMNS, & par les ſurfaces cylindriques BMN & BASN élevées perpendiculairement, l'une ſur la courbe BM, & l'autre ſur la courbe AS. Fig. 45.

On voit aiſément que quoique ce ſolide ne ſoit pas le même que celui de la propoſition, il eſt cependant de la même eſpece, puiſqu'il eſt auſſi composé d'une infinité de rectangles faits par deux coordonnées de la courbe à double courbure. Ainſi la formule de ſa cubature ſera S. $yzdx$, dans laquelle ſubſtituant à la place de y & de z leurs valeurs $\sqrt[4]{a^4 - aaxx}$ & $\frac{x}{a}\sqrt[4]{a^4 - aaxx}$, on aura S. $dx \times \sqrt[4]{a^4 - aaxx} \times \frac{x}{a}\sqrt[4]{a^4 - aaxx}$ ou en réduiſant S. $xdx\sqrt{aa - xx}$ ou bien $-\frac{1}{3}\overline{aa - xx}^{\frac{3}{2}}$. Cette integrale devroit être la valeur du ſolide cherché, mais comme elle eſt negative, elle eſt celle du ſolide PSMNC, qui eſt ce qui lui manque pour égaler le ſolide total ABSNC. Ainſi pour avoir celle du ſolide cherché, il faudra faire $x = 0$, & (l'integrale ſe trouvant complette) on aura $\frac{1}{3}a^3$ pour la valeur du ſolide total, duquel ayant ôté celle du ſolide PSMNC qui eſt $\frac{1}{3}\overline{aa - xx}^{\frac{3}{2}}$, il reſtera $\frac{1}{3}a^3 - \frac{1}{3}\overline{aa - xx}^{\frac{3}{2}}$ pour la valeur du ſolide cherché.

PROPOSITION VII.

PROBLEME.

128. *LA courbe à double courbure* AN *étant donnée avec ses axes* AP, AQ, AR, *ses coordonnées* AP, PM, MN, *& ses courbes de projection* AM *&* AV, *sur le plan de la base, & sur celui des* y *& des* z. *Trouver la valeur du solide* APFNM, *qui est compris entre la surface courbe* APFN *composée de toutes les lignes droites* PN *tirées des points* P, *aux points correspondans* N *de la courbe à double courbure, entre les plans* APM, PMN, *& la surface cylindrique* AMN.

Fig. 46.

Si l'on considere que ce solide est composé d'une infinité de triangles rectangles PMN, faits sur les coordonnées PM & MN, on verra qu'il doit être la moitié du solide APSMNR, qui est composé de tous les rectangles PMNS, & qui est de la même espece que celui de la proposition precedente.

PROPOSITION VIII.

PROBLEME.

129. *LA courbe à double courbure* ANN *étant donnée avec ses axes* AP, AQ, AR, *ses coordonnées* AP, PM, MN, *& ses courbes de projection* AM *&* AV, *sur les plans* APM, RAQ. *Trouver la valeur du solide* AMN *composé de tous les triangles rectangles* AMN.

Fig. 47.

Ayant supposé les coordonnées *pm*, *mn* infiniment proches des premieres PM, MN; on tirera les lignes A*n*, & A*m* par A & par les points M & N, & l'on aura le petit solide A*nm*M qui sera l'élement du solide cherché.

Si

Si l'on mene enſuite MK perpendiculaire à AM, & que l'on éleve deſſus, le plan MKLN perpendiculairement au plan de la baſe, il coupera le triangle A*mn* dans la ligne KL, ſur laquelle abbaiſſant du point N une perpendiculaire NO, on aura le point O d'où tirant AO on aura le petit ſolide ANOMK, qui ne differera qu'infiniment peu du ſolide AN*nm*K, & qui pourra donc être pris à ſa place pour l'élement du ſolide cherché.

Nommant donc AP, x, PM, y, MN, z, comme à l'ordinaire, on aura Pp $= dx$, Mm $= \sqrt{dx^2 + dy^2}$, AM $= \sqrt{xx + yy}$, Km $= \frac{xdx + ydy}{\sqrt{xx + yy}}$, & par conſequent MK $= \frac{ydx - xdy}{\sqrt{yy + xx}}$. Remarquant enſuite que le petit ſolide ANOMK qui eſt l'élement du ſolide cherché, n'eſt autre choſe qu'une pyramide dont MNOK eſt la baſe, & AM la hauteur ; on aura pour ſa meſure $\frac{1}{3}$ AM×MN×MK, ou en termes algebriques $\frac{1}{3}\sqrt{xx + yy} \times z \times \frac{ydx - xdy}{\sqrt{yy + xx}}$ qui ſe reduit à $\frac{1}{3} yzdx - \frac{1}{3} xzdy$, dont l'integrale ſera la valeur du ſolide cherché.

EXEMPLE.

130. LA courbe à double courbure AN étant telle que ſes courbes de projection ſur les plans APM, RAQ, ſoient des paraboles égales AM & AV, dont les axes ſoient AP, AQ, le ſommet commun A, le parametre a, & par conſequent les équations $ax = yy$, & $ay = zz$, on demande la valeur du ſolide AFMN.

Ayant mis dans la valeur generale $\frac{1}{3} yzdx - \frac{1}{3} zxdy$ à la place de y & de z & de dy, leurs valeurs $\sqrt{ax}$, $\sqrt[4]{a^3x}$, & $\frac{adx}{2\sqrt{ax}}$, tirées des équations précedentes, on la changera en celle-ci $\frac{1}{3}\sqrt{ax}\times\sqrt[4]{a^3x}\times dx - \frac{1}{3}\sqrt[4]{a^3x}\times\frac{axdx}{2\sqrt{ax}}$ qui se reduit à $\frac{1}{6}a^{\frac{5}{4}}x^{\frac{3}{4}}dx$, dont l'integrale est $\frac{2}{21}a^{\frac{5}{4}}x^{\frac{7}{4}} = \frac{2}{21}xyz$, valeur cherchée du solide AFMN.

Si l'on fait dans cette valeur $x = 0$ elle deviendra aussi zero, ce qui fait voir qu'elle est complette.

Il est facile de voir si l'on fait attention à ce qui á été dit dans l'art. 116, que le solide APMN qui est composé de toutes les paraboles APN, est quadruple du solide AMN dont on vient de trouver la valeur.

PROPOSITION IX.

PROBLEME.

Fig. 48.

131. *UNE surface courbe avec ses axes* AP, AQ, AR *& son équation étant donnée; soit imaginée sur cette surface, une courbe à double courbure qui ait pour courbe de projection sur le plan de la base, la courbe donnée* AM *dont les axes sont* AP, & AQ; *on demande la valeur du solide* ACPMN *déterminé par les plans* PMNC, APC, APM, *par la surface courbe, & par la surface cylindrique* AMN.

Ayant mené le plan *pcmn* infiniment proche & parallele au plan PCMN, il coupera le plan PCA, dans la ligne P*c*, la surface cylindrique AMN dans la coordonnée *mn*, & la surface courbe dans la courbe *cn*; & ainsi il formera le petit solide P*p*C*c*N*nm*M qui qui sera l'élement du solide cherché.

On menera ensuite MH parallele à AP, & l'on élevera dessus le plan MNH*e* perpendiculairement à la base, & il coupera le plan *pcmn* dans la ligne H*e*, & la petite surface C*c*N*n* dans la ligne N*e*. On supposera après une petite surface cylindrique C*dnf*, élevée perpendiculairement au plan PCMN, sur la courbe CN, & elle rencontrera le plan *pcmn* dans la courbe *df* égale à la courbe CN, & ainsi l'on aura le petit solide

$PpcdNfMH$ qui ne differant qu'infiniment peu du solide $PpCcMmNn$, pourra être pris aussi pour l'élement du solide cherché.

Nommant ensuite comme à l'ordinaire AP, x, PM, y, MN, z, l'on aura $Pp = dx$ & l'espace $PCMN = S.\, zdy$. Ainsi comme le solide élementaire est un prisme dont Pp est la hauteur & l'espace PCMN la base, sa mesure sera $dx \times S.\, zdy$ dont l'integrale $S.\, dx\, S.\, zdy$ sera la valeur cherchée du solide ACPMN.

Ayant donc maintenant l'équation de la surface courbe, si l'on fait dans cette équation x constante, elle deviendra celle de la courbe CN par le moyen de laquelle on trouvera la valeur de l'espace PCMN. Ensuite substituant cette valeur à la place de $S.\, zdy$ dans l'expression generale $dx\, S.\, zdy$, après l'avoir réduite en x par le moyen de l'équation de la courbe AM, on n'aura plus qu'à integrer pour avoir la valeur cherchée du solide ACPMN.

EXEMPLE I.

132. SOIT une surface courbe dont les axes soient AP, AQ, AR, & l'équation $y^3 = zxx$, & soit sur le plan de la base une parabole AM, dont l'axe soit AP & a le parametre; on demande la valeur du solide ARPNM compris entre la partie de la surface ARPN, les plans APM, PMN, & la surface cylindrique RAMN. Fig. 49.

Ayant mis dans la valeur generale $dx\, S.\, zdy$ de l'élement de ce solide, à la place de z sa valeur $\frac{y^3}{xx}$ tirée de l'équation de la surface courbe, on la changera en $dx\, S.\, \frac{y^3 dy}{xx}$ ou en $dx \times \frac{y^4}{4xx}$, parceque $S.\, \frac{y^3 dy}{xx}$ est égale à $\frac{y^4}{4xx}$, en supposant x constante.

On substituera ensuite dans cette valeur $S.\, dx \times \frac{y^4}{4xx}$

à la place de yy sa valeur ax que donne l'équation de la parabole A M, & l'on aura $\frac{a^4 xx dx}{4xx} = \frac{1}{4} aadx$ dont l'integrale sera $\frac{1}{4} aax$ valeur du solide cherché. Ainsi ce solide, quoique s'étendant à l'infini, est égal au prisme dont l'espace P M N seroit la base & A P la hauteur.

EXEMPLE II.

133. SOIT la surface d'un cone droit QANP dont l'angle generateur est de 45 degrez, QAP un plan passant par l'axe, & A le sommet; soit encore la courbe A M une parabole dont le parametre soit a & l'axe A P; on demande la valeur du solide APMN déterminé par les plans PMN, APM, par la partie APN de la surface du cone, & par la surface cylindrique AMN.

Fig. 50.

Il est aisé de trouver que l'équation du cone est $zz = 2xy$, ainsi en supposant x constante, on changera la valeur de S. zdy, en $\frac{1}{3x} \times \overline{2xy}^{\frac{3}{2}}$, dans laquelle on substituera pour y sa valeur $\sqrt{ax}$ tirée de l'équation de la parabole AM, & la multipliant ensuite par dx, on aura $dx \times \frac{1}{3x} \times \overline{2x\sqrt{ax}}^{\frac{3}{2}}$ pour la valeur de l'élement du solide cherché.

On reduira ensuite cette valeur à $\frac{2}{3} dx \sqrt[4]{4a^3x^5}$, & on en prendra l'integrale qui sera $\frac{8}{27} xx \sqrt[4]{4a^3x}$ valeur du solide cherché.

EXEMPLE III.

134. SOIT la surface courbe d'un paraboloïde CDA, dont l'axe de circonvolution est AQ, le parametre a, la parabole generatrice AC, & par consequent l'équation * $zz + xx = ay$, & soit au lieu de la courbe AM une ligne droite DQC parallele à l'axe AP, & qui en soit distante de la grandeur b; Il s'agit de trouver la valeur du solide ABMNVQ déterminé

Fig. 51.

* Art. 17.

par les plans ABMQ, AQV, VNMQ, BMN, & par la ſurface ABNV du paraboloïde.

L'élement de ce ſolide étant $NBbmMn$, en ſuppoſant le plan bmn infiniment proche & paralele au plan BMN, ſa valeur ſera $\frac{2}{3}\overline{MN}\times\overline{BM}\times Mm$, ou en termes algebriques, $\frac{2}{3}\sqrt{ab-xx}\times\overline{b-\frac{xx}{a}}\times dx$, mettant pour Mm, $Pp=dx$, pour BM, $PM-BP=\overline{b-\frac{xx}{a}}$, & pour MN ſa valeur qui eſt $\sqrt{a}\times BM=\sqrt{ab-xx}$, puiſque la courbe BN eſt une parabole dont le parametre eſt a.

Enſuite mettant cette differentielle $\frac{2}{3}\sqrt{ab-xx}\times\overline{b-\frac{xx}{a}}\times dx$ ſous cette expreſſion $\frac{2}{3}bdx\sqrt{ab-xx}-\frac{2xxdx}{3a}\sqrt{ab-xx}$, on en prendra aiſément l'integrale en ſuppoſant la quadrature du cercle, ce qui donnera $\frac{2}{3}b\ S.\,dx\sqrt{ab-xx}+\frac{1}{4}\times\frac{2x}{3a}\times\overline{ab-xx}^{\frac{3}{2}}-\frac{1}{4}\times\frac{2b}{3}S.\,dx\sqrt{ab-xx}$, ou en reduiſant $\frac{1}{2}b\ S.\,dx\sqrt{ab-xx}+\frac{x}{6a}\overline{ab-xx}^{\frac{3}{2}}$ pour la valeur du ſolide cherché. Si l'on fait $x=\sqrt{ab}$, afin d'avoir la valeur du ſolide AVCQ, qui eſt alors le quart du paraboloïde, le ſecond terme s'évanouira, & il ne reſtera que le premier $\frac{1}{2}b\ S.\,dx\sqrt{ab-xx}$, qui eſt le produit de $\frac{1}{2}b\times VQC$, c'eſt-à-dire de la moitié de AQ par le quart de cercle VQC, ce que l'on ſçait d'ailleurs être vrai, puiſque le paraboloïde eſt la moitié du cylindre circonſcrit.

EXEMPLE IV.

135. SOIT la ſurface courbe exprimée par l'équation $xyz=a^3$, & ſoit ſur le plan de la baſe la parabole AM, dont l'axe ſoit AP, A le ſommet, a le parametre, & par conſequent l'équation $ax=yy$; on demande la valeur du ſolide renfermé entre les plans RAQ, APM, CPMN, RAP, la partie de la ſurface cylindrique RAMN, & la ſurface courbe. Fig. 52.

La valeur de l'élement du solide cherché étant dx S. zdy, il eſt clair qu'il ne faut que mettre l'expreſſion S. zdy en x & dx, pour qu'elle puiſſe être integrée, c'eſt ce que l'on va faire.

Il eſt aiſé de voir que ſi l'on changeoit ſeulement cette valeur, en y ſubſtituant pour z ſa valeur tirée de l'équation $xyz = a^3$, & pour dy celle que l'on trouve en differentiant l'équation $ax = yy$, on n'auroit alors que la valeur de l'eſpace renfermé par la courbe de projection de la courbe à double courbure HNN, ſur le plan RAQ, & non la valeur de l'eſpace PMNC. On ſuppoſe que cette courbe à double courbure HNN, eſt celle qui eſt formée ſur la ſurface courbe, par la ſection de la ſurface cylindrique RAMN.

Pour avoir donc la valeur de cet eſpace PMNC, il faut imaginer ſur le plan PMN une courbe FG ſemblable à la courbe CN, mais qui ſoit conſtante; cette courbe ſera neceſſairement une hyperbole, puiſque la courbe CN en eſt une. Suppoſant aa pour ſa puiſſance, & celle de CN étant $\frac{a^3}{x}$, ſi l'on mene PNF par P & par N, & du point F où elle rencontre GF, la perpendiculaire FO, à PMO; on aura $\frac{a^3}{x}$. aa :: PM^2 (ax) PO$^2 = xx$, qui donne PO $= x$, & par conſequent S. $dx \times \frac{aa}{x}$ pour la valeur de l'eſpace GFOPI qui eſt à l'eſpace CNMPI dans la raiſon de la puiſſance aa à la puiſſance $\frac{a^3}{x}$. Ainſi la valeur de cet eſpace CNMPI ſera donc $\frac{a}{x}$ S. $\frac{aadx}{x}$, & celle de l'élement dx S. zdy, $dx \times \frac{a}{x}$ S. $\frac{aadx}{x}$ dont l'integrale ſera la valeur du ſolide cherché.

On trouvera aiſement cette integrale, en changeant

l'expression $dx \times \frac{a}{x}$ S. $\frac{aadx}{x}$ en celle-ci $\frac{\frac{aadx}{x} \text{ S. } \frac{aadx}{x}}{a}$

dont l'integrale est $\frac{\overline{\text{S. } \frac{aadx}{x}}^{2}}{2a}$ ou bien $\frac{\text{S. } \frac{aadx}{x}}{2a} \times \text{S. } \frac{aadx}{x}$; ainsi la valeur du solide cherché est le produit de l'espace GFOPI, par une ligne égale au quotient de cet espace même divisé par $2a$, ou bien encore si l'on veut se servir des logarithmes, au quarré du logarithme de x multiplié par $\frac{1}{2}a$.

AUTRE MANIERE D'AVOIR LA VALEUR du solide de l'art. 131, dans toutes les surfaces qui n'ont point de parametre, c'est-à-dire dont les équations n'ont point de constante necessairement déterminée.

136. COMME on a démontré * que toutes ces surfaces sont composées d'une infinité de lignes droites qui partent toutes de l'origine A des variables; on peut regarder le solide APMN comme composé de deux autres dont on sçait déja trouver les valeurs, sçavoir du solide AFPMN qui est une espece de pyramide dont AP est la hauteur, & l'espace PMN la base; & du solide AFMN composé de tous les triangles AMN, car ces deux solides se forment du premier AMNP, en élevant le plan AMN perpendiculaire à la base dans la ligne AM tirée par A & par M. * *Art.* 31. *Fig.* 50.

La valeur du solide AFPMN étant $\frac{1}{3}$ AP $\times$ PMN, c'est à-dire le tiers du produit de AP par l'espace PMN, & celle du solide AFMN, ayant été trouvée dans le probleme précedent $= \frac{1}{3}$ S. $yzdx - \frac{1}{3}$ S. $xzdy$; la valeur cherchée du solide APMN sera donc $\frac{1}{3}$ AP $\times$ PMN $+ \frac{1}{3}$ S. $yzdy - \frac{1}{3}$ S. $xzdy$.

Pour faire voir l'accord de cette méthode-ci avec l'autre, & pour montrer la maniere de s'en servir on va par ſon moyen réſoudre le ſecond exemple, dans lequel la ſurface courbe eſt une de ces ſurfaces ſans parametre.

Dans cet exemple on a $zz = 2xy$, & $yy = ax$; ainſi la courbe PN eſt une parabole dont le parametre eſt 2 AP, & l'eſpace PNM ſe trouve égal au produit de $\frac{2}{3}$ PM par MN, c'eſt-à-dire à $\frac{2}{3}yz$ ou à $\frac{2}{3}\sqrt{ax} \times \sqrt{2x\sqrt{ax}}$, qui étant multiplié par $\frac{1}{3}$ AP $= \frac{1}{3}x$ donne $\frac{2}{9}x \times \sqrt{ax} \times \sqrt{2x\sqrt{ax}}$ pour la valeur du ſolide APFMN.

Pour avoir enſuite celle du ſolide AFMN dont l'élement eſt $\frac{1}{3}yzdx - \frac{1}{3}xzdy$, il n'y a qu'à réduire en x cette valeur élementaire, & elle deviendra $\frac{1}{6}\sqrt{ax} \times \sqrt{2x\sqrt{ax}} \times dx$. ou $\frac{1}{6}a^{\frac{3}{4}}x^{\frac{5}{4}}dx$, dont l'integrale eſt $\frac{2}{27}a^{\frac{3}{4}}x^{\frac{9}{4}}\sqrt{2}$ qui eſt la valeur du ſolide AMNF, & qui étant ajoutée à celle du ſolide APFMN donne $\frac{8}{27}xx\sqrt[4]{4a^3x}$, pour la valeur cherchée du ſolide APMN, qui eſt la même que celle qu'on a déja trouvée dans l'article 133.

QUATRIE'ME

QUATRIÉME SECTION.

QUELQUES PRINCIPES GENERAUX pour former des courbes à double courbure, & pour en trouver la nature.

PROPOSITION I.

PROBLEME.

137. *SOIT une surface courbe dont les coordonnées soient* AP, x; PM, y; MN, z; *& leur origine* A, *on demande la courbe à double courbure* NN *décrite en faisant tourner dessus un compas dont une pointe est attachée à un point fixe* C. Fig. 55.

Ayant abbaissé du point C la perpendiculaire CD au plan de la base, & du point D, où elle le rencontre, la perpendiculaire DB à l'axe AP; l'on nommera les lignes AB, a; BD, b; CD, c; & la grandeur CN de l'ouverture du compas qui doit être donnée f; on menera ensuite d'un point quelconque N de la courbe à double courbure, les coordonnées NM, MP, & remarquant que les points N de la courbe à double courbure cherchée, sont également dans la surface donnée, & dans celle d'une sphere dont C seroit le centre & f le rayon; on verra aisément qu'il n'y a qu'à trouver l'équation de cette sphere & la substituer dans celle de la surface donnée, pour avoir les équations des courbes de projection. Pour cela il n'y

N

a qu'à tirer DM, & lui mener NE parallele, & l'on aura $CE = z \mp c$, selon que le point C est en dessus ou en dessous du plan de la base, $BP = x \mp a$, MF en menant DF parallele à l'axe $= y \mp b$, & par conséquent $NE = MD = \sqrt{\overline{x \mp a}^2 + \overline{y \mp b}^2}$, ainsi CN étant $\sqrt{CE^2 + NE^2}$, on aura $f = \sqrt{\overline{x \mp a}^2 + \overline{y \mp b}^2 + \overline{z \mp c}^2}$, ou $ff = \overline{x \mp a}^2 + \overline{y - b}^2 + \overline{z \mp c}^2$ pour l'équation de la sphere, par le moyen de laquelle & de celle de la surface donnée, on aura les équations des courbes de projection de la courbe à double courbure cherchée.

COROLLAIRE I.

138. SI l'on vouloit que la pointe du compas fût dans l'axe des z, il est clair qu'alors a & b seroient zero, & qu'ainsi l'équation de la sphere seroit $ff = xx + yy + \overline{z \mp c}^2$.

En faisant dans cette équation $c = 0$ on aura $ff = xx + yy + zz$, supposé que la pointe fût à l'origine des coordonnées.

COROLLAIRE II.

139. POUR avoir l'équation de la sphere quand la pointe est sur l'axe des x, il n'y a qu'à faire b & $c = 0$, & l'on aura $ff = \overline{x \mp a}^2 + yy + zz$.

COROLLAIRE III.

140. ON aura l'équation de la sphere, quand la pointe est dans l'axe des y, en faisant a & $c = 0$, ce qui donnera $xx + yy + \overline{y \mp a}^2$.

REMARQUE.

141. SI l'on vouloit trouver l'équation de la ſphere, en ſuppoſant que la pointe du compas fût ſur un point de la ſurface courbe, déterminé par la grandeur de AB & de BD, il faudroit mettre dans l'équation generale $\overline{x \mp a}^2 + \overline{y \mp b}^2 + \overline{z \mp c}^2 = ff$, à la place de a & de b, les valeurs de AB & de BD, & à la place de c celle que l'on trouveroit pour z, dans l'équation de la ſurface courbe, en y ſubſtituant ces mêmes valeurs de AB & de BD pour x & y.

EXEMPLE I.

142. SOIT la ſurface courbe celle d'un cylindre circulaire droit, dont l'axe ſoit AP & le rayon AD $= g$, & ſoit ſuppoſé la pointe du compas au point C dans l'axe des z CEA. On demande la courbe à double courbure décrite en faiſant tourner le compas d'une ouverture quelconque. *Fig.* 54.

Il eſt clair qu'il ne faut pour cela que trouver la courbe de projection ſur le plan DAP de la baſe, ou ſur le plan CAP des x & des z; car pour la courbe de projection ſur le plan CAD, on voit bien qu'elle eſt le cercle même du cylindre.

Ainſi on n'a qu'à ſubſtituer dans l'équation de la ſphere qui ſera alors $xx + yy + zz - 2cz + cc = ff$, celle du cylindre qui ſera $yy + zz = gg$, & l'on aura $xx + cc = 2c\sqrt{gg - yy}$
$$\begin{array}{l} +gg \\ -ff \end{array}$$
pour l'équation de la courbe de projection ſur le plan de la baſe, & $xx + cc = 2cz$, pour celle de la courbe
$$\begin{array}{l} +gg \\ -ff \end{array}$$
de projection ſur le plan des x & des z, qui ſera alors une parabole.

COROLLAIRE I.

143. SUPPOSANT le compas ouvert de la grandeur CD, l'on auroit $ff = gg + cc$, ce qui réduiroit les équations à $xx = 2c\sqrt{gg - yy}$, ou $x^4 = 4ccgg - 4ccyy$, & $xx = 2cz$.

REMARQUE.

144. SI l'on veut trouver l'équation de la courbe formée par la courbe à double courbure de l'article précedent, en étendant la surface du cylindre le long du plan CEAP, il faut se servir de la formule $du = \sqrt{dy^2 + dz^2}$ de l'article 108, en y substituant pour dy & dz, leurs valeurs en x & dx qui sont $\frac{xdx}{c}$ & $-\frac{x^3dx}{c\sqrt{4ccgg - x^4}}$, ce qui donnera $du = \frac{2gxdx}{\sqrt{4ggcc - x^4}}$ pour l'équation de cette courbe.

COROLLAIRE II.

145. SI l'on fait dans cette équation $g = c$ l'on aura $du = \frac{2gxdx}{\sqrt{4g^4 - x^4}}$ pour l'équation de la courbe décrite par la courbe à double courbure, dont les équations sont alors $x^4 = 4g^4 - 4ggyy$.

EXEMPLE II.

146. SUPPOSANT que la surface courbe soit celle d'une espece de cone circulaire oblique dont l'équation est $zz = \frac{n}{m}xy$, & qu'après avoir ouvert le compas de l'intervalle a, on place une de ses pointes

à l'origine des x, c'eſt-à-dire au pole de ce cone, & qu'on faſſe tourner l'autre ſur la ſurface conique, on demande les équations de la courbe à double courbure ainſi formée.

Il eſt clair qu'alors l'équation de la ſphere eſt $xx + yy + zz = aa$, ainſi en y ſubſtituant à la place de zz ſa valeur $\frac{n}{m}xy$ tirée de l'equation du cone, on aura $xx + yy + \frac{n}{m}xy = aa$, pour l'équation de la courbe de projection de la courbe à double courbure ſur le plan de la baſe.

On prendra de même la valeur de x dans l'équation du cone, qui ſera $\frac{mzz}{ny}$, & on la ſubſtituera dans l'équation de la ſphere, ce qui donnera $yy + \frac{mmz^4}{nnyy} + zz = aa$, ou $y^4 + \frac{mm}{nn}z^4 + zzyy = aayy$ pour l'équation de la courbe de projection ſur le plan des y & des z.

Si l'on fait $n = 2m$, le cone devient alors droit, & par conſequent la courbe à double courbure ſe change en un cercle, ce que l'on peut voir encore par l'équation de la courbe de projection ſur le plan de la baſe qui devient $xx + 2xy + yy = aa$ ou $x + y = a$, qui appartient à une ligne droite qui rencontre les deux axes des x & des y à la diſtance a du pole.

EXEMPLE III.

147. ON demande à préſent les équations de la courbe à double courbure, formée en faiſant tourner le compas ſur un cone circulaire oblique quelconque.

Il faut avoir une équation generale, qui exprime tous les cones circulaires obliques, & y ſubſtituer celle de la ſphere qui eſt $xx + yy + zz = aa$, & l'on déduira aiſément les équations demandées de la courbe à double courbure; on trouvera cette équation generale dans l'article 33.

PROPOSITION II.

PROBLEME.

148. *Un point* A *étant donné hors d'un plan* BDO *sur lequel est une courbe donnée* BO, *trouver la courbe à double courbure* FNN *décrite sur la surface composée de toutes les lignes* AON, *qui partent du point* A *& qui passent par les points* O *de la courbe* BO, *en sorte que les parties prolongées* ON *comprises entre les points* O *de cette courbe* BO *& les points* N *de la courbe à double courbure soient toujours égales.*

Fig. 55.

Soit abbaissé du point A la perpendiculaire AB au plan BDO, & soit supposé que la ligne BO soit l'axe de la courbe BO, on fera passer un plan par cette ligne, & par le point A ; on abbaissera ensuite sur ce plan de deux points O & N de la courbe BO & de la courbe à double courbure, pris sur une même ligne quelconque AON, deux perpendiculaires NM, OD ; on tirera ADM, & on menera PM perpendiculaire à AP.

Ensuite nommant la ligne ON qui doit être constante, a ; AB, b, AP, x, PM, y, MN, z, qui sont les coordonnées de la courbe à double courbure, on aura BP $= x - b$, & AO $= \sqrt{xx + yy + zz}$, & les triangles semblables APN, ABO donneront $x - b . a :: x . \sqrt{xx + yy + zz}$, d'où l'on tirera $\overline{x - b} \times \sqrt{xx + yy + zz} = ax$ qui est l'équation d'une surface courbe sur laquelle la courbe à double courbure est décrite ; & comme cette courbe à double courbure est encore décrite sur la surface composée de toutes les lignes AON, qui n'est autre chose que celle d'un cone dont A est le pole & la courbe BO la base, il ne faut plus que trouver l'équation de cette surface, & la substituer dans l'équation précedente $\overline{x - b} \times \sqrt{xx + yy + zz} = aa$, pour avoir les équations de la courbe à double courbure cherchée, pour cela on se servira des formules $s = \frac{bz}{x}$ & $u = \frac{by}{x}$ de l'article 29, & on les substituera dans l'équation de la courbe BO que l'on suppose exprimée en u & en s.

REMARQUE I.

149. SI la courbe à double courbure avoit été formée en mettant les parties ON, en *on* du côté de O par rapport à A, la lettre a qui exprime ces parties ON auroit été negative, & au lieu de l'équation $\overline{x-b} \times \sqrt{xx+yy+zz} = ax$, on auroit eu celle-ci $\overline{x-b} \times \sqrt{xx+yy+zz} = -ax$. *Fig. 56.*

REMARQUE II.

150. SI l'on fait évanouir les signes radicaux dans l'une & l'autre de ces équations, il en viendra une même équation qui exprimera également les courbes à double courbure FN & *fn*, ce qui montre qu'elles ne sont pas deux courbes differentes, mais deux branches d'une même courbe. *Fig. 55 & 56.*

EXEMPLE.

151. SOIT la courbe BO une parabole dont B soit le sommet, BD l'axe & g le parametre, on demande les équations des courbes de projection sur le plan de la base, & sur le plan des x & des z.

Celle de la parabole étant $gu = ss$, on aura en mettant à la place de u & de s leurs valeurs $\frac{by}{x}$ & $\frac{bz}{x}$ l'équation $\frac{g}{b}xy = zz$ qui avec l'équation generale $\overline{x-b}^2 \times \overline{xx+yy+zz} = aaxx$ donnera celles des courbes de projection des courbes à double courbure demandées. On substituera d'abord dans cette derniere $\frac{g}{b}xy$ pour zz & l'on aura $\overline{x-b}^2 \times \overline{xx+yy+\frac{g}{b}xy} = aaxx$ qui sera celle de la courbe de projection ſur le plan de la baſe; enſuite on y mettra pour yy ſa valeur $\frac{bbz^4}{ggxx}$ & l'on aura $\overline{x-b}^2 \times \overline{xx + \frac{bbz^4}{ggxx} + zz} = aaxx$ pour l'équation de la courbe de projection ſur le plan des x & des z.

COROLLAIRE.

152. SI $g = 2a$, les branches FN, fn deviennent deux courbes différentes, car on a pour les courbes de projection $\frac{\pm ax}{x-b} = x+y$ & $\frac{\pm ax}{x-b} = \frac{zz}{2x} + x$ c'eſt-à-dire $\frac{+ax}{x-b} = x+y$ & $\frac{-ax}{x-b} = x + \frac{zz}{2x}$ pour les courbes de projection de la courbe à double courbure FN, & $\frac{-ax}{x-b} = x+y$ & $-\frac{ax}{x-b} = x + \frac{zz}{2x}$ pour les courbes de projection de la courbe à double courbure fn.

PROPOSITION III.

PROBLEME.

Fig. 57. 153. *ETANT donnée ſur un plan* ABC *la courbe* AC *avec ſon axe* AB, *& ſes appliquées* BC; *ſi l'on ſuppoſe qu'une autre courbe* NC *qui lui ſoit égale, roule ſur elle en ſorte que ſon plan ſoit toujours perpendiculaire au plan* ABC, *& que les points* C *ſoient les mêmes par rapport aux deux axes* NF, AB, *le point* N *qui eſt l'origine des coordonnées de la courbe* NC, *décrira dans ce mouvement la courbe à double courbure* AN *dont on demande les équations.*

Ayant un point quelconque N de la courbe à double courbure, on abbaiſſera de ce point le perpendiculaire NM, ſur le plan ABC, & du point M où elle le rencontre, la perpendiculaire MP à l'axe BAP, l'on tirera AM & l'on nommera AP, x; PM, y; MN, z; qui ſont

ſont les trois coordonnées de la courbe à double courbure, on abbaiſſera auſſi du point C qui eſt celui où ſe touchent les courbes NC, AC les perpendiculaires CB à l'axe PAB, & CF à l'axe NF, & l'on nommera les coordonnées AB ou NF, u; & CB ou CF, s; enſuite l'on menera la tangente commune CT qui paſſera par le point M & formera les trapezes égaux AMCB, MNFC; d'où l'on voit que MN, $z = AM$, $\sqrt{xx+yy}$ & que l'angle AMC eſt droit, ce qui donne en menant MD parallele à l'axe AB les triangles ſemblables APM, MDC d'où l'on tire AP (x). PM (y) : : CD ($s-y$). MD ($u+x$) & par conſequent $ux + xx = sy - yy$. L'on aura auſſi les triangles ſemblables APM, TBC, qui donneront AP (x). PM (y) : : BC (s). BT ($\frac{sx}{y}$) $= \frac{sdu}{ds}$, étant la soûtangente de la courbe AC. Avec ces trois équations $z = \sqrt{xx+yy}$, $ux + xx = sy - yy$, & $\frac{ys}{x} = \frac{sdu}{ds}$ ou $\frac{y}{x} = \frac{du}{ds}$, & celle de la courbe AC ou NC on aura les équations qui expriment la nature de la courbe à double courbure, car ſubſtituant celle de la courbe AC dans la ſeconde & dans la troiſiéme on en aura une qui ne renfermera que les deux variables AP, PM, & qui exprimera par conſequent la courbe de projection AM de la courbe à double courbure ſur le plan de la baſe, & la ſubſtituant dans $zz = xx + yy$ on aura celle des courbes de projection, ſur le plan des y, & des z, & ſur celui des x & des z.

REMARQUE I.

154. IL eſt à remarquer que la courbe à double courbure AN peut être conſiderée ſur la ſurface d'un cône circulaire droit dont l'axe ſeroit celui des z perpendiculaire au plan ABC en A, & dont l'angle generateur ſeroit de 45 degrés, puiſque cette ſurface eſt celle que l'équation $zz = xx + yy$ exprime.

COROLLAIRE I.

155. SI l'on veut avoir des équations générales pour les courbes de projection de la courbe à double courbure sur le plan des y & des z, il faut mettre dans les équations précedentes pour x sa valeur $\sqrt{zz-yy}$ & l'on aura $\frac{dz}{ds} = \frac{y}{\sqrt{zz-yy}}$ & $sy - u\sqrt{zz-yy} = zz$, & si l'on en veut avoir pour la courbe de projection sur le plan des x & des z, on substituera pour y sa valeur $\sqrt{zz-xx}$ & l'on aura $\frac{dz}{ds} = \frac{\sqrt{zz-xx}}{x}$ & $s\sqrt{zz-xx} - ux = zz$.

REMARQUE II.

156. IL est évident que si l'on prolonge les droites AM
Fig. 58. en sorte que l'on ait toujours MS=AM, l'on aura une courbe AS qui sera la roulette geometrique de la courbe AC, c'est-à-dire la courbe formée par le point S, en faisant rouler sur la courbe AM une courbe SC qui lui soit égale.

REMARQUE III.

157. SI l'on avoit fait rouler la courbe CN sur la courbe
Fig. 59. AC en sorte que son plan NCM, au lieu d'être perpendiculaire sur celui de la base, eût fait un angle constant avec lui, on auroit formé une courbe à double courbure, dont la courbe de projection AE sur le plan de la base, auroit encore été semblable à la roulette geometrique AS de la courbe AC, car on auroit toujours eu le trapeze NMC égal au trapeze AMC, & ainsi NM=AM, & comme alors l'angle NMS que

fait le plan roulant est constant le rapport de ME à NM ou AM l'est aussi ; & par consequent celui de AM à AE ou bien de AE à AS, ce qui fait que la courbe AM est semblable à la courbe AS.

COROLLAIRE II.

158. IL seroit aisé de trouver les autres courbes de projection de cette courbe à double courbure, car il est clair que le rapport de son ordonnée NE, z, à AM, $\sqrt{xx+yy}$, étant constant on aura une équation qui étant substituée dans celle de la courbe de projection AE, donnera les équations des autres courbes de projection. Il est à remarquer par l'équation que donne le rapport de NE à AM, que cette courbe à double courbure est toujours décrite sur la surface d'un cône droit circulaire dont l'axe est celui des z.

EXEMPLE I.

159. SOIT proposé de trouver la courbe à double courbure ANN décrite par le sommet d'une parabole NC qui roule perpendiculairement sur une autre parabole AC égale, dont le parametre est a, AP l'axe, & A le sommet. Fig. 57.

L'équation de cette parabole AC étant $au = ss$, on aura par le moyen de sa difference, $\frac{du}{ds} = \frac{2s}{a}$, qui étant substituée dans l'équation générale $\frac{du}{ds} = \frac{y}{x}$ donnera $\frac{2s}{a} = \frac{y}{x}$, ou $s = \frac{ay}{2x}$, par le moyen de laquelle on aura $u = \frac{ayy}{4xx}$, ensuite mettant ces valeurs de u, & de s, dans l'équation $ux + xx = sy - yy$, on la changera en $\frac{ayy}{4x} + xx = \frac{ayy}{2x} - yy$ qui se réduit à $\frac{1}{4}ayy - xyy = x^3$ qui appartient à la courbe de projection AM de la courbe à double courbure sur le plan de la base, qui sera par consequent une cissoïde qui a pour sommet le point A, & pour asymptote la droite HG perpendiculaire à AP en H où AH est égale à $\frac{1}{4}a$.

Pour avoir l'équation de la courbe de projection sur

le plan des x & des z, on ſubſtituera dans cette équation $\frac{1}{4}ayy - xyy = x^3$, pour yy ſa valeur $zz - xx$ tirée de l'équation générale $xx + yy = zz$, & l'on aura $\frac{1}{4}\overline{a - x} \times \overline{zz - xx} = x^3$, ou $zz = \frac{\frac{1}{4}axx}{\frac{1}{4}a - x}$ ou $\frac{1}{4}azz - zzx = \frac{1}{4}axx$ pour l'équation de cette courbe de projection.

Si l'on veut avoir celle de la courbe de projection ſur le plan des y & des z, il n'y aura qu'à mettre dans l'équation $\frac{1}{4}ayy - xyy = x^3$ ou $\frac{1}{4}ayy = \overline{xx + yy} \times x$, zz à la place de $yy + xx$, & $\sqrt{zz - yy}$ pour x, & l'on aura $\frac{1}{4}ayy = zz\sqrt{zz - yy}$ ou $\frac{1}{16}aay^4 = z^6 - z^4 yy$ pour l'équation de cette courbe de projection.

EXEMPLE II.

Fig. 60. 160. SOIT à preſent le cercle ACD dont le diametre ſoit AD $= 2a$, & ſoit un autre cercle NC qui lui ſoit égal & qui roule deſſus perpendiculairement à ſon plan, on demande la courbe à double courbure AN formée par le point N.

On trouvera premierement l'équation de la courbe de projection AM ſur le plan de la baſe par le moyen des deux équations générales $\frac{dv}{ds} = \frac{y}{x}$ & $sy - ux = xx + yy$ & de l'équation du cercle ACD, qui ſera $2au - uu = ss$, ce qui ſe fera ainſi, on prendra la differentielle de l'équation du cercle d'où l'on tire $\frac{dv}{ds} = \frac{s}{a - v} = \frac{s}{\sqrt{aa - ss}}$, & ainſi l'équation $\frac{y}{z} = \frac{dv}{ds}$ deviendra $\frac{y}{x} = \frac{s}{\sqrt{aa - ss}}$ ou $aayy - ssyy = ssxx$ qui donne $s = \frac{ay}{\sqrt{xx + yy}}$ & par conſequent $\overline{a - v}^2 = aa - \frac{aayy}{yy + xx} = \frac{aaxx}{xx + yy}$ ou $v = a - \frac{ax}{\sqrt{xx + yy}}$, en ſubſtituant, ces valeurs de v & de s dans l'équation $xx + yy = sy - ux$ on aura $xx + yy + ax = a\sqrt{xx + yy}$ qui eſt l'équation de la courbe de projection AM ſur le plan de la baſe, & qui eſt une cicloïde geometrique.

On trouvera enſuite les autres courbes de projection, par le moyen de l'équation $xx + yy = zz$ que l'on ſubſtituera dans celle de la courbe AM, par exemple, pour avoir la courbe de projection sur le plan des y & des z on mettra $\sqrt{zz-yy}$ pour x & l'on aura $zz+a\sqrt{zz-yy}=az$ ou $2az^3-z^4=aayy$. Et pour la courbe de projection sur le plan des x & des z, z au lieu de $\sqrt{xx+yy}$ & l'on aura $zz+ax=az$ qui montre que cette courbe de projection est une parabole.

EXEMPLE III.

161. SOIT la courbe AC une parabole ou une hyperbole en général exprimée par l'équation $u=s^m$; on demande l'équation générale de toutes les courbes à double courbure que l'on forme en faisant rouler comme ci-dessus une de ces courbes sur son égale.

En prenant les differences on aura $du=ms^{m-1}ds$ qui étant substituée dans l'équation $\frac{y}{x}=\frac{du}{ds}$ donnera $\frac{y}{x}=ms^{m-1}$ d'où l'on tire $s=\frac{y^{\frac{1}{m-1}}}{m^{\frac{1}{m-1}}x^{\frac{1}{m-1}}}$ & s^m ou $u=\frac{y^{\frac{m}{m-1}}}{m^{\frac{m}{m-1}}x^{\frac{m}{m-1}}}$, ainsi mettant ces valeurs de s & de u dans l'équation $xx+yy=ys-ux$ on la changera en $xx+yy=\frac{y^{\frac{m}{m-1}}}{m^{\frac{1}{m-1}}x^{\frac{1}{m-1}}}-\frac{xy^{\frac{m}{m-1}}}{m^{\frac{m}{m-1}}x^{\frac{m}{m-1}}}$ qui se réduit à $xx+yy=\frac{m^{\frac{m}{m-1}}-m^{\frac{1}{m-1}}}{m^{\frac{m+1}{m-1}}}\times\frac{y^{\frac{m}{m-1}}}{x^{\frac{1}{m-1}}}$ qui est l'équation générale des courbes de projection sur le plan de la base.

Ensuite on substituera dans cette équation pour y sa valeur $\sqrt{zz-xx}$ tirée de $zz=xx+yy$ & l'on aura $zz=\frac{\frac{m^{\frac{m}{m-1}}-m^{\frac{1}{m-1}}}{m^{\frac{m+1}{m-1}}}\times\overline{zz-xx}^{\frac{m}{2m-2}}}{x^{\frac{1}{m-1}}}$ pour l'équation de la courbe de projection sur le plan des x & des z, & pour avoir celle des courbes de projection sur le plan des y & des z, on substituera pour x sa valeur $\sqrt{zz-yy}$, & on aura $zz = \frac{m^{\frac{m}{m-1}} - m^{\frac{1}{m-1}}}{m^{\frac{m+1}{m-1}}} \times \frac{y^{\frac{m}{m-1}}}{\overline{zz-yy}^{\frac{1}{2m-2}}}$.

Si l'on vouloit que la courbe génératrice AC, fût une premiere parabole cubique, il est clair qu'il n'y auroit qu'à faire dans ces équations générales, $m = 3$, & l'on auroit pour la courbe de projection sur le plan de la base $xx + yy = \frac{2}{9}\sqrt{3} \times \frac{y^{\frac{3}{2}}}{x^{\frac{1}{2}}}$ ou $xx + yy = \frac{2}{3} ay \sqrt{\frac{y}{3x}}$ en mettant a pour l'unité, & pour la courbe de projection sur le plan des x & des z, $zz = \frac{\frac{2}{3} ay\sqrt{y}}{3\sqrt{zz-yy}}$.

Si l'on veut que la courbe génératrice soit une hyperbole équilatere, il est clair qu'il n'y aura qu'à faire $m = -1$ & l'on aura $xx + yy = -2\sqrt{-xy}$, ou bien en mettant a pour l'unité $xx + yy = -2a\sqrt{-xy}$ pour l'équation de la courbe de projection sur le plan de la base, qui n'a par consequent de branches réelles qu'entre les deux parties AP, AQ des axes des x & des y, & leurs prolongemens Ap, Aq, ce qui se peut voir encore par la construction de cette courbe. Pour avoir aussi l'équation de la courbe de projection sur le plan des y & des z, on substituera -1 à la place de m, dans son équation générale.

PROBLEME

INVERSE DU PRÉCEDENT.

Fig. 57. 162. LA courbe à double courbure AN du problême précedent qui est formée par le roulement d'une courbe NC sur son égale AC, étant donnée; trouver par son moyen cette courbe A C qui l'a formée.

Comme l'on a vû que la courbe à double courbure A N est décrite sur la surface d'un cône droit dont l'équation est $xx + yy = zz$. Il est clair que sa courbe de projection A M sur le plan de la base, suffit pour la déterminer, & qu'ainsi le problême se réduit à trouver la courbe AC par le moyen de la courbe AM.

L'on sçait que tous les angles AMC formés par les tangentes MC de la courbe AC & les droites AM sont droits. Ainsi on n'a qu'à chercher le problême sous cet énoncé-ci.

La courbe dont l'axe est AP, A l'origine des variables, étant donnée sur un plan APM, soient tirées une infinité de lignes AM, du point A aux points M de cette courbe, & soient élevées sur chacune de ces perpendiculaires de ces mêmes points M une infinité de perpendiculaires M C sur le même plan. On demande la courbe A C qui touche toutes ces perpendiculaires. Ayant mené AB perpendiculaire à AP en A & abbaissé dessus la perpendiculaire C B d'un point quelconque C de la courbe cherchée, on menera ME parallele à AB par le point M de la courbe AM qui a donné le point C, & nommant AP, u; PM, s; AB, x; BC, y; ME sera $s + x$, & l'on aura à cause des triangles semblables rectangles APM, PMF, PF $= \frac{ss}{u}$; & à cause des triangles semblables PMF, MEC, EC $= \frac{ss + sx}{u}$ & par conséquent BC, $y = u + \frac{ss + sx}{u}$ ou $uy = uu + ss + sx$ qui est une équation entre les coordonnées x, y de la courbe cherchée, dans laquelle il faudra faire évanouir les lettres u & s. Fig. 61.

Il est évident que l'équation de la courbe AM ne suffit pas pour cela, & qu'il faut encore une autre équation, on la trouvera en prenant la difference de l'équation précedente en supposant y & x constantes & l'on aura $ydu = 2udu + 2sds + xds$, qui avec l'équation de la courbe AM & l'équation $uy = uu + ss + sx$ donnera celle de la courbe cherchée AC.

REMARQUE I.

163. Il est évident que pour construire la courbe AC, ou ce qui est la même chose pour trouver les points C, il suffiroit d'avoir la valeur d'AB x en v, ou en s, c'est-à-dire qu'il n'y auroit qu'à tirer des équations précedentes cette valeur de x, ce que l'on peut faire en cette sorte. On tirera des équations $y = v + \frac{ss+sx}{v}$ & $ydv = 2vdv + 2sds + xds$ ou $y = 2v + \frac{2sds}{dv} + \frac{xds}{dv}$ celle-ci $v + \frac{ss+sx}{v} = 2v + \frac{2sds}{dv} + \frac{xds}{dv}$, d'où l'on aura $x = \frac{vvdv - ssdv + 2vsds}{sdv - vds}$ dans laquelle substituant l'équation de la courbe AM, on en aura une qui donnera selon les differentes valeurs de AP, celle des AB qui détermineront les points cherchés C de la courbe AC.

REMARQUE II.

Fig. 62. 164. On peut trouver une construction fort simple de la courbe AC, par un autre principe que voici.

Soient deux points M, m de la courbe AM infiniment proches; soient aussi les lignes AM, Am, avec leurs perpendiculaires MC, mC, qui donnent par leur rencontre un point de la courbe AC. Il est clair que les triangles AMh, hmC sont semblables, & qu'ainsi l'on aura Mh . AM :: mh . mC ou MC, ce qui fournit cette construction.

Ayant mené AF parallele à MC & MF perpendiculaire à la courbe AM, on tirera de leur point d'intersection F la droite FC parallele à AM, & elle donnera un point C de la courbe AC, & ainsi des autres.

EXEMPLE I.

Fig. 61. 165. Soit la courbe AM une parabole dont A soit le sommet, AP l'axe, & a le parametre; on demande l'équation de la courbe AC.

On

On ſubſtituera l'équation de cette parabole $av = ss$ & ſa difference $adv = 2sds$ dans l'équation générale $x = \frac{vvdv + 2vsds - ssdv}{sdv - vds}$ & l'on aura $x = \frac{2vv}{\sqrt{av}}$, d'où l'on tire $v = \sqrt[3]{\frac{axx}{4}}$ qui étant ſubſtitué dans l'équation $y = v + \frac{ss+sx}{v}$ ou $y = v + a + \sqrt{\frac{xxaa}{av}}$ donnera $y - a = 3\sqrt[3]{\frac{axx}{4}}$ pour l'équation de la courbe cherchée, qui eſt ainſi une ſeconde parabole cubique DC dont le parametre eſt $\frac{27}{4}a$, AP la tangente au ſommet, & le point D où AD eſt égal à a, l'origine.

EXEMPLE II.

166. SOIT au lieu de la courbe AM, une ligne droite KM parallele à l'axe AP, à la diſtance de $AK = a$; on demande la courbe KC qui touche toutes les lignes MC. *Fig. 63.*

On aura donc l'équation $s = a$ qui donne $ds = o$, & ainſi l'on changera l'équation $x = \frac{vvdv + 2vsds - ssdv}{sdv - vds}$ en $x = \frac{vvdv - aadv}{adv}$ ou $ax = vv - aa$, d'où l'on tire $v = \sqrt{ax + aa}$, qui étant ſubſtitué dans l'équation $y = v + \frac{ss+sx}{v}$, ou $y = \frac{vv + aa + ax}{v}$ donnera $y = 2\sqrt{ax + aa}$ ou $yy = 4a \times \overline{x + a}$ qui eſt l'équation de la courbe KC, qui eſt alors une parabole dont le foyer eſt A, K le ſommet, KA l'axe, & le parametre $4a$.

REMARQUE.

167. IL eſt à remarquer que ſi l'on faiſoit tourner comme dans l'article 157. ſur la parabole CK, une autre parabole égale, le point A décriroit dans ce mouvement, au lieu d'une courbe à double courbure, une hyperbole équilatere ſur le plan élevé perpendiculairement à AK en K, qui auroit pour centre le point K & dont l'axe ſeroit perpendiculaire au plan AKM en K, & égal à a.

PROPOSITION IV.

PROBLEME.

168. *SOIT sur un plan* APM *une courbe* AM *avec ses coordonnées* AP, PM, *dont* A *est l'origine, soit encore une courbe* HN *dont* HM *&* MN *soient les coordonnées, qui ont* H *pour origine; On suppose que cette courbe se meuve en sorte que le point* H *soit toujours dans l'axe* AP, *que le plan* HMN *soit toujours perpendiculaire au plan* APM, *&* que MH *soit toujours perpendiculaire à la courbe* AM, *l'on demande la courbe à double courbure* AN *qui passe par tous les points* N *où cette courbe* NH *rencontre la surface cylindrique* AMN *élevée perpendiculairement sur la courbe* AM.

Fig. 64.

Il est évident que AM est la courbe de projection sur le plan de la base, de sorte qu'il ne faut plus que trouver une autre courbe de projection. Ayant nommé AP, x; PM, y; MN, z; on aura PH $= \frac{ydy}{dx}$ & MH $= \sqrt{yy + \frac{yydy^2}{dx^2}}$, & ainsi la nature de la courbe NH, étant donnée par une équation qui renferme les variables MN & MH, on n'aura qu'à mettre dans cette équation à la place de MH, $\sqrt{yy + \frac{yydy^2}{dx^2}}$, après l'avoir toute réduite en y par le moyen de l'équation de la courbe AM, & on aura celle de la courbe de projection sur le plan des y & des z; si l'on vouloit avoir l'équation de la courbe de projection sur le plan des x & des z, il faudroit réduire la valeur $\sqrt{yy + \frac{yydy^2}{dx^2}}$ toute en x.

EXEMPLE.

169. SOIT la courbe AM une parabole dont A soit le sommet, AP l'axe, & a le parametre, & soit la courbe NH une autre parabole dont H soit le sommet, HM l'axe, & b le parametre, on demande les équations de la courbe à double courbure AN.

Il est clair que l'équation de la parabole AM est $ax = yy$, & qu'ainsi l'on a $adx = 2ydy$, & $\frac{ydy}{dx} = \frac{1}{2}a$, mettant cette valeur dans $MH = \sqrt{yy + \frac{yydy^2}{dx^2}}$ on aura $MH = \sqrt{yy + \frac{1}{4}aa}$, & à cause de la parabole HN on aura $\overline{MN}^2 = MH \times b$ ou en termes algebriques $zz = b\sqrt{yy + \frac{1}{4}aa}$ ou $z^4 = bbyy + \frac{1}{4}bbaa$ qui est l'équation de la courbe de projection de la courbe à double courbure sur le plan des y & des z, & qui avec l'équation $ax = yy$ qui est celle de la courbe de projection sur le plan de la base, déterminera la courbe à double courbure cherchée.

PROPOSITION V.

PROBLÊME.

170. *SOIT donnée une surface courbe, qui ait pour plan de la base, le plan* APM, AP *pour l'axe des* x *dont l'origine est* A, *&c. Soit donné de plus un point quelconque, & de ce point soit imaginé une infinité de tangentes à cette surface courbe, on demande la courbe à double courbure* BNN *qui passe par tous les points d'attouchemens.* Fig. 65.

Soit abbaissé du point donné I, la perpendiculaire IG sur le plan de la base, & du point G où elle le rencontre, la perpendiculaire GH, & de même du point N que l'on suppose un des points touchans, &

par conſequent un des points de la courbe à double courbure, la perpendiculaire NM & de M la perpendiculaire MP, l'on aura ainſi les coordonnées AP, x, PM, y, MN, z de la ſurface courbe & de la courbe à double courbure.

La droite NI qui eſt une tangente de la ſurface courbe étant prolongée en t où elle rencontre le plan de la baſe, on menera du point N, la tangente NO à la courbe formée par la ſection de la ſurface courbe par le plan NMQ parallele au plan des x & des z, & la tangente NS à la courbe formée par la ſection de la ſurface courbe par le plan NMP parallele au plan des y & des z.

Enſuite on remarquera que la droite NIt ne peut être tangente à la ſurface courbe, qu'elle ne ſoit décrite ſur le plan NStO qui eſt le plan tangent au point N, & qu'ainſi tirant la ligne OS par les points O, S, où les tangentes NO, NS, rencontrent le plan de la baſe, cette ligne paſſera par le point t.

Si l'on mene à préſent du point t les paralleles tE & tK à MP & à AP, que l'on tire la ligne tGM par les points t & M, & enſuite la droite IL qui lui ſoit parallele, l'on aura en nommant AH, g; HG, h; IG, i; PH $= g+x$, MC $= y-h$, & NL $= z-i$, & les triangles ſemblables NLI, NMt feront ſemblables auſſi-bien que les triangles MGC, MtK, d'où l'on aura NL $(z-i)$. GC ou HP $(g+x)$ :: MN (z). tK ou ME $= \frac{gz+zx}{z-i}$ & NL $(z-i)$. MC $(y-h)$ :: MN (z). MK ou tE $= \frac{yz-hz}{z-i}$.

MO étant la ſous-tangente de la courbe dont les coordonnées ſont QM & MN, ſa valeur ſera $\frac{zdx}{dz}$, & MK étant celle de la courbe dont les coordonnées ſont PM, MN, on aura pour ſa valeur $\frac{zdy}{dz}$; ainſi OE qui eſt MO — ME ſera $= \frac{zdx}{dz} - \frac{zg+xz}{z-i}$ & KS ou MS — MK $= \frac{zdy}{dz} - \frac{yz-hz}{z-i}$. De ſorte que les triangles ſemblables tEO, tKS donneront OE $\left(\frac{zdx}{dz} - \frac{gz+xz}{z-i}\right)$. tE $\left(\frac{yz-hz}{z-i}\right)$ :: tK $\left(\frac{gz+xz}{z-i}\right)$,

KS $(\frac{zdy}{dz} - \frac{yz+hz}{z-i})$; d'où l'on tirera l'équation $\overline{\frac{yz-hz}{z-i}} \times \overline{\frac{gz+zx}{z-i}} = \overline{\frac{zdx}{dz} - \frac{gz+xz}{z-i}} \times \overline{\frac{zdy}{dz} - \frac{yz-hz}{z-i}}$ qui se réduit à $\frac{dx}{dz} \times \frac{dy}{dz} = \frac{g+x}{z-i} \times \frac{dy}{dz} + \frac{y-h}{z-i} \times \frac{dx}{dz}$ qui avec l'équation de la surface courbe fera trouver les équations des courbes de projection de la courbe à double courbure cherchée. Il faudra supposer y constante dans l'équation de la surface courbe pour avoir la valeur de $\frac{dx}{dz}$, & x pour avoir celle de $\frac{dy}{dz}$.

COROLLAIRE.

171. SI l'on veut que le point I soit dans le plan des y & des z, il est clair qu'il faut alors supposer $g = o$, dans l'équation générale ; si l'on veut qu'il soit dans le plan des x & des z il faudra faire $h = o$; & si l'on veut que ce soit dans le plan de la base, ce sera i qu'il faudra égaler à zero.

EXEMPLE I.

172. SOIT la surface courbe formée par la circonvolution de la parabole AC dont l'axe est AP, A le sommet & a le parametre, autour de sa tangente en A, on demande la courbe à double courbure qui passe par tous les points de cette surface dans lesquels elle est touchée par les droites IN qui partent toutes du point I que l'on suppose dans l'axe AP. *Fig. 66.*

Il est clair que le point I sera dans le plan des x & des z & dans le plan de la base, ce qui donnera h & $i = o$, d'où l'équation générale deviendra $\frac{dx}{dz} \times \frac{dy}{dz} = \frac{g+x}{z} \times \frac{dy}{dz} + \frac{y}{z} \times \frac{dx}{dz}$, par le moyen de laquelle on aura les équations des courbes de projection de la courbe à double courbure, en y substituant celle de la surface courbe qui sera * $aaxx + aazz = y^4$. ** Art. 20.*

Prenant les differences de cette équation en supposant x constante l'on aura $2aazdz = 4y^3dy$ ou $\frac{dy}{dz} = \frac{aaz}{2y^3}$, & en supposant y constante on aura $2aaxdx + 2aazdz$

$= o$ ou $\frac{dx}{dz} = -\frac{z}{x}$, ainsi substituant ces valeurs de $\frac{dy}{dz}$ & de $\frac{dx}{dz}$ dans l'équation générale on aura $\frac{aaz}{2y^3} \times -\frac{z}{x} = \frac{g+x}{z} \times \frac{aaz}{2y^3} + \frac{y}{z} \times \frac{-z}{x}$, ou en réduisant $-aazz = gaax + xxaa - 2y^4$ ou $y^4 = gaax$ équation de la courbe de projection sur le plan de la base, qui sera par consequent une parabole du quatriéme degré, dont le parametre & le sommet sont les mêmes que ceux de la parabole génératrice AC, mais le parametre $\sqrt[3]{gaa}$. En substituant cette derniere équation dans celle de la surface $y^4 = aaxx + aazz$ on aura $aaxx + aazz = aagx$ ou $xx + zz = gx$ pour l'équation de la courbe de projection sur le plan des x & des z, qui sera ainsi un cercle.

Autrement.

SOit AN une position quelconque de la parabole génératrice, & soit N un des points de la courbe à double courbure; on aura AP ou VM, x, PM ou AV, y, & par consequent $\frac{yy}{a}$ pour VN qui est un rayon du cercle de circonvolution DNC, & en même temps une abscisse de la parabole AN, d'où l'on aura la tangente NO de ce cercle DNC, $= \frac{y^4}{aax}$, & comme le plan tangent au point N dans lequel est la tangente IN, doit passer par cette tangente NO & par NT qui est celle de la parabole AN il est clair que les trois points O, T, I, seront dans une même ligne droite, ainsi AV étant divisé en deux également au point T par la tangente NT, on aura IA = VO ou $g = \frac{y^4}{aax}$ ou $y^4 = gaax$ qui est l'équation de la courbe de projection de la courbe à double courbure sur le plan de la base, & qui est la même que ci-dessus.

EXEMPLE II.

173. SOIT une ſphere dont le centre ſoit A & a le rayon, ſi à un point quelconque I placé entre les trois plans AHG, ARQ, ARH, on ſuppoſe attachée une droite indefinie que l'on faſſe tourner ſur la ſurface de cette ſphere, ou ce qui revient au même que l'on lui ſuppoſe une infinité de tangentes de ce point, on demande de trouver par la méthode de ce problême, le cercle qui paſſe par tous les points touchans que l'on a par ce moyen.

L'équation de la ſphere qui eſt $xx+yy+zz=aa$ donnera pour la differentielle, en ſuppoſant x conſtante $2ydy+2zdz=o$ ou $\frac{dy}{dz}=-\frac{z}{y}$ & en ſuppoſant y conſtante $2xdx+2zdz=o$ ou $\frac{dx}{dz}=-\frac{z}{x}$, ainſi il n'y a qu'à ſubſtituer ces valeurs de $\frac{dx}{dz}$ & de $\frac{dy}{dz}$ dans l'équation générale qui eſt $\frac{dx}{dz}\times\frac{dy}{dz}=\frac{x-g}{z-i}\times\frac{dy}{dz}+\frac{y-h}{z-i}\times\frac{dx}{dz}$ à cauſe que le point H eſt du côté oppoſé à celui où il étoit dans la figure.

Cette équation générale deviendra $\frac{zz}{xy}=\frac{x-g}{z-i}\times\frac{-z}{y}+\frac{y-h}{z-i}\times\frac{-z}{x}$, ou en réduiſant $xx+yy+zz=gx+hy+zi$, ou en mettant aa pour $xx+yy+zz$, $aa=gx+hy+zi$ qui eſt l'équation d'un plan BRQ déterminé par les trois points, R où AR eſt $=\frac{aa}{i}$, B où AB eſt $=\frac{aa}{g}$, & Q où AQ eſt $=\frac{aa}{h}$, ce qui fait voir que la courbe des points touchans eſt ſur ce plan & ſur la ſphere, c'eſt-à-dire qu'elle eſt leur commune ſection, d'où il eſt aiſé de voir que c'eſt un cercle, dont le centre eſt le point d'où la droite ADI tirée par A & par I, coupe le plan BRQ, & dont le rayon eſt égal à $\sqrt{aa-AD^2}$.

FIN.

CATALOGUE

Des Livres imprimés chez GABRIEL-FRANÇOIS QUILLAU, *rue Galande, près la Place Maubert, à l'Annonciation*, 1731.

IN-FOLIO.

DICTIONNAIRE des Cas de Conscience, ou décisions des plus considerables difficultés touchant la Morale & la discipline Ecclesiastique, tirées de l'Ecriture, des Conciles, des Décretales des Papes, & des plus célébres Théologiens & Canonistes, par feu Mre JEAN PONTAS, Prêtre, Docteur en Droit Canon, sous-Penitencier de l'Eglise de Paris; Nouvelle Edition, revûe, corrigée & considerablement augmentée, 3 vol.

F. Sylvii Comment. in D. Thomam, Nova Editio. 4 volumes.

—— Idem, *comprehendens varia opuscula & Pentateucum.* 6 vol.

IN-QUARTO.

HISTOIRE des Chevaliers de Malthe avec les Portraits des Grands-Maîtres de l'Ordre, les Cartes & les Plans nécessaires pour l'intelligence de l'Histoire, par M. l'Abbé de Vertot, de l'Academie des Belles Lettres. 4 volumes.

—— *Idem* grand papier.

Analyse démontrée, ou la Méthode de résoudre les problêmes des Mathématiques, & d'apprendre facilement ces sciences, par le R. P. Reyneau, Prêtre de l'Oratoire. 2 volumes.

La science du Calcul des grandeurs en général, ou les élemens de Mathématiques, par le même. 2 vol.

Application de l'Algebre à la Géometrie, par M. Guisnée.

De la Résolution des Equations, ou de l'Extraction de leurs racines.

IN-DOUZE.

HISTOIRES choisies, ou Livres d'exemples, tirés de l'Ecriture, des Peres, & des Auteurs Ecclesiastiques les mieux averés, avec quelques Reflexions morales; suivant l'ordre des matieres dont on traite dans les Catechismes, nouvelle Edition, considerablement augmentée par l'Auteur.

Histoire des Chevaliers de Malthe, par M. l'Abbé de Vertot, de l'Academie des Belles Lettres; 3me édition. 5 vol.

—— Secrette de Neron, ou le festin de Trimalcion, traduit de Petrone, avec des notes historiques, par M. Lavaur. 2 volumes.

Nouveau Systéme sur la génération de l'homme & de l'oiseau, où l'on rapporte & où l'on réfute les differentes opinions qui ont paru sur ce sujet, par M. de Launay, Chirurgien Major du Regiment Royal infanterie.

Regles de Poëtique tirées d'Aristote, d'Horace, de Despreaux, &c.

Elemens de Mathematiques, ou Traité de la grandeur en general, qui comprend l'Arithmetique, l'Algebre, l'Analyse, par le P. Lamy, Prêtre de l'Oratoire, derniere édition, revûe & augmentée. 3 l.

Elemens de Geometrie ou de la mesure des Corps qui comprennent tout ce qu'Euclide en a enseigné, les plus belles propositions d'Archimede, & l'Analyse, par le même: derniere édition, revûe & augmentée. 3 l.

Instruction sur l'Histoire de France par Demandes & par Réponses, avec les Portraits des Rois. II. Abregé de l'Histoire Romaine. III. Les Heros de la Republique Romaine & des Grecs. IV. Des mœurs & des Coutumes des Romains. V. Abregé de la Geographie. VI. Fable, ou Abregé des Metamorphoses d'Ovide, avec une explication succincte & methodique sur chaque Fable. VII. Proverbes ou Sentences tirés des plus excellens Auteurs, Latins, Espagnols, & Italiens. VIII. Maximes Morales pour former l'esprit & le cœur, très-utiles pour l'instruction des jeunes gens; avec un Recueil des bons mots & des pensées choisies des Auteurs anciens & modernes, par M. le Ragois, Précepteur de Monseigneur le Duc du Maine. 2 l. 10 s.

Remarques & éclairciſſemens ſur quelques Articles de cet Ouvrage.

ARTICLE II.

IL y a des équations à trois variables paſſant le premier degré, dans leſquelles les ſuppoſitions d'AP, x, conſtantes, donneront pour les lignes GN, des droites, ſans que la variable AP paſſe pour cela le premier degré, comme dans l'équation $xy = bz$; mais il eſt auſſi aiſé de voir dans ces cas que les droites GN ne ſeront pas toujours également inclinées par rapport aux PM, & qu'ainſi leur aſſemblage formera toujours une ſurface courbe.

ARTICLE 72.

POUR connoître ſi la valeur de la ſous-tangente eſt poſitive ou negative il faudra toujours chercher ſa valeur en x, c'eſt-à-dire ſubſtituer dans l'expreſſion générale $\frac{z}{dz}\sqrt{dx^2 + dy^2}$, pour z, dz, & $\sqrt{dx^2 + dy^2}$ leurs valeurs en x & dx, car il eſt évident que la ſous-tangente n'eſt poſitive ou negative, que lorſque x augmentant, z augmente auſſi ou diminue.

ARTICLE 161.

PAGE 110 ligne 17 & ſuivantes, la figure ne s'accorde point avec le diſcours; mais il eſt aiſé de voir qu'on a voulu dire en cet endroit que la courbe de projection ſur le plan de la baſe, n'a point de branches du côté où l'on a pris les x dans la figure 57, mais du côté de AB où eſt l'hyperbole équilatere.

FAUTES A CORRIGER.

PAGE 5 *l.* 3, 9, & 21, APB, *liſez* APP. *P.* 13 *l.* 14, CBA, *liſ.* GBA. *P.* 13 *lig.* 28, BDC, *liſ.* BD. *P.* 15 *lig.* 28 & 33, GN, *liſ.* PN. *P.* 16 *l.* 17 PGN, *liſ.* PN. *P.* 19 *à la marge*, *Fi.* 11 *lis. F.* 11 & 12 *l.* 6 $a \mp u^{2}$ *lis.* $\overline{a \mp u}^{2}$. *P.* 25 *lig.* 22, celle de la projection, *lis.* celle de la courbe de projection. *P.* 29 *lig.* 18 IRV, *lis.* RV. *P.* 31 *lig.* 25, branche égale, *lis.* branche Cnn égale. *P.* 43 *lig.* 2 ces, *lis.* les. *P.* 45 *lig. derniere* $\sqrt{2xx} - aa$, *lis.* $\frac{\sqrt{2xx - aa}}{\sqrt{xx - aa}}$. *P.* 51 *lig.* 15 quelle, *lis.* qu'elle. *P.* 54 *lig. penult.* $x^{\frac{1}{m}} - 1\,dx$, *lis.* $x^{\frac{1}{m} - 1}\,dx$. *P.* 55 *l.* 10, -2, *lis.* 2, *lig.* 11 $\frac{a^{-2} - v}{3}$, *lis.* $\frac{a^{-2} - v}{-3}$. *P.* 56. *l.* 23 $-\frac{aa}{x}$, *lis.* $-\frac{2aa}{x}$. *P.* 59 *l.* 22, $-2aas\frac{\overline{-a}^{3}}{a}$, *lis.* $-2aa + \frac{\overline{s-a}^{3}}{a}$. *P.* 60 *lig.* 17 $\frac{bhy}{aa}$, *lis.* $\frac{byy}{aa}$. *P.* 63 *lig.* 2 l'axe AN *lis.* l'arc AN. *P.* 65 *lig.* 9, $\frac{1}{2}a$ & $\frac{1}{4}a$, *lis.* $\frac{1}{4}a$ & $\frac{1}{2}a$. *P.* 67 *l.* 18, $\frac{4}{9}a^{\frac{5}{2}}$, *lis.* $\overline{\frac{4}{9}}a^{\frac{5}{2}}$. *l.* 18, 20 & 21, *au lieu de* $\frac{128}{2835}aa$, *mettez* $\frac{1024}{76545}aa$. *l.* 22 APM, *lis.* APN. *P.* 68 *lig.* 8 HG, *lis.* RG, *l.* 14 $\frac{dy^{2}}{a^{4}}$, *lis.* $\frac{yydy^{2}}{a^{4}}$ *l.* 19 $\frac{2y^{4}dy}{3aa}$, *lis.* $\frac{2y^{4}dy}{3a^{3}}$. *P.* 73 *l.* 1 & 6 $\frac{a\,S.\,ady}{\sqrt{aa - yy}}$, *lis.* $\frac{\frac{1}{2}a\,S.\,ady}{\sqrt{aa - yy}}$. *lig.* 7 *au lieu de* $\overline{a - x}$, *lis.* $\frac{1}{2}\overline{a - x}$, & *au lieu de* $\frac{1}{2}xy$, *lis.* $\frac{1}{2}yz$. *P.* 74 S. $\overline{dy^{2} + dz^{2}}$, *lis.* S. $\sqrt{dy^{2} + dz^{2}}$. *P.* 77 *lig. penult.* aa, *lis.* $2aa$. *P.* 78 *lig.* 22 & *les plans* PMN, QMN. *lis.* & *le plan* PMN. *l.* 27 à la base, *lis.* à la base sur MH parallele à AP. *P.* 79 *lig.* 17 ANN, *lis.* AN. *P.* 80 *lig. dern.* auroit valu, *lis.* vaudroit. *P.* 82 *lig.* 26, -1, *lis.* $+1$. *P.* 83 *lig.* 23 *après* NgKM, *mettez* paralleles aux plans APM, RAQ. *P.* 85 *lig.* 13 ARE, PMNQV, *lis.* AREPMNVQ. *lig.* 19 RAFBG, *lis.* RAFCG. *l.* 29 celle de, *lis.* celle de z. *P.* 90 *lig.* 8 APN, *lis.* PN. *P.* 98 *lig. dern.* $xx + yy + \overline{y \mp a}^{2}$, *lis.* $ff = xx + zz + \overline{y \mp b}^{2}$ *P.* 100 *lig.* 12 dy & dz, *lis.* dz & dy, *lig.* 19 *ajoutez* & $xx = 2gz$. *P.* 102 *lig.* 12 BO, *lis.* BD. *P.* 106 *lig. penult.* NMC, *lis.* NMCF, *même lig.* AMC, *lis.* AMCB. *P.* 111 *lig.* 12 La courbe, *lis.* La courbe AM. *lig.* 15 *effacez* de ces perpendiculaires. *P.* 115 *lig.* 25 quelconque, *lis.* quelconque I. *P.* 118 *l.* 21 tangente NO, *lis.* soûtangente VO. *l.* 23 cette, *lis.* la. *P.* 119 *mettez à la marge Fig.* 67.

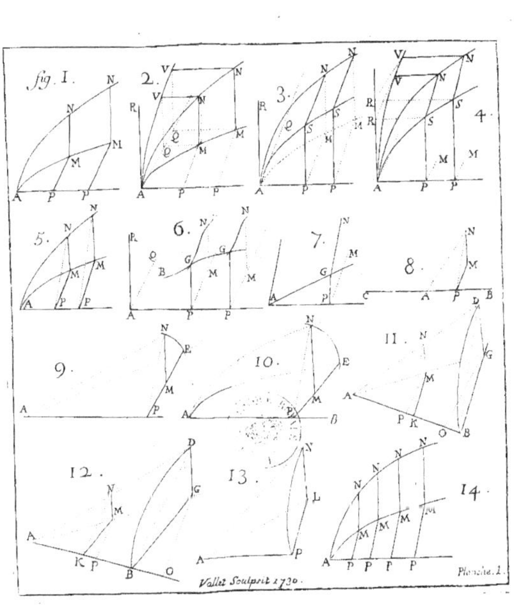

fig. I.
2.
3.
4.
5.
6.
7.
8.
9.
10.
11.
12.
13.
14.
Vallet Sculpsit 1730.
Planche. I.

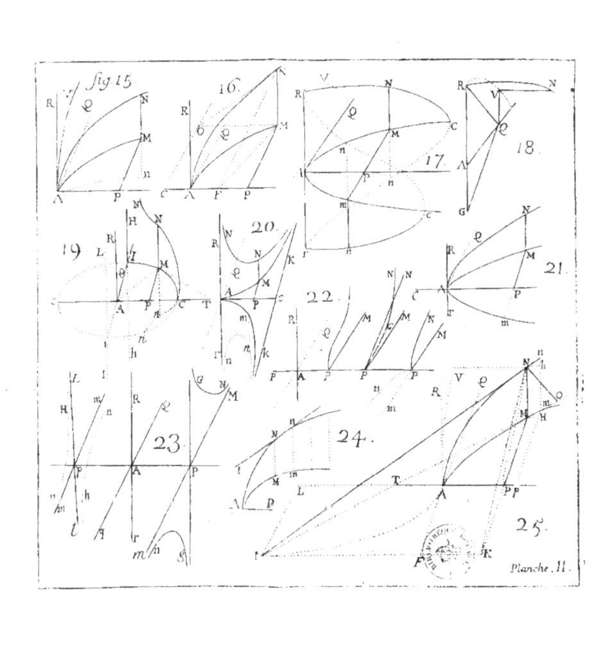

Planche . II.

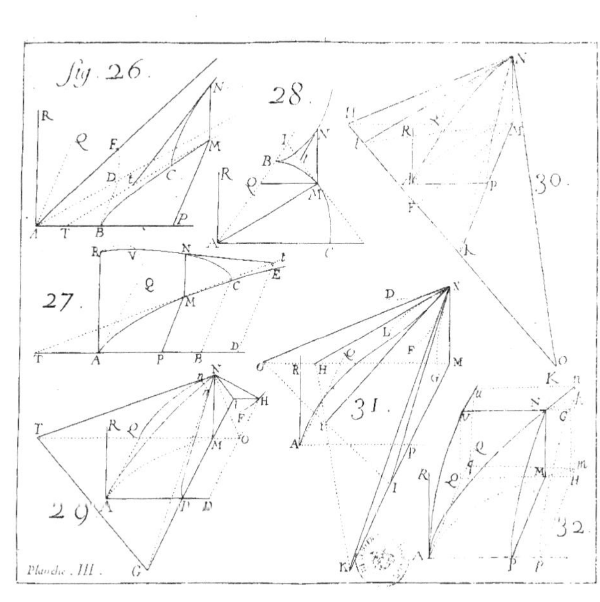

Planche . III .

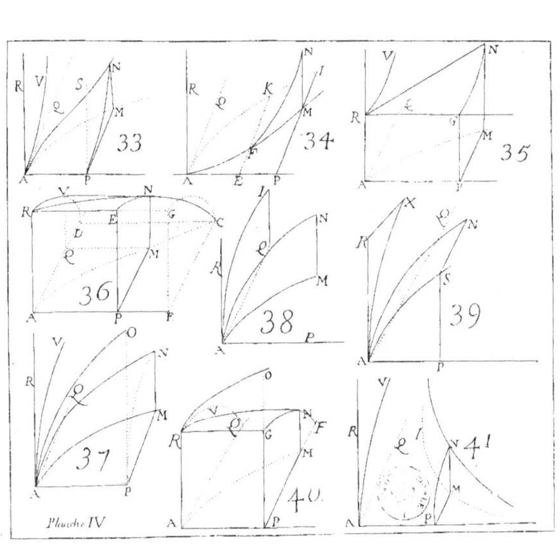

Planche IV

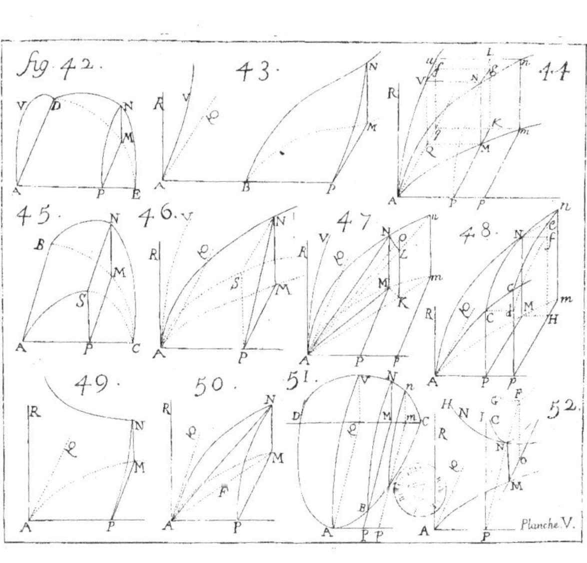
fig. 42.
43.
44.
45.
46.
47.
48.
49.
50.
51.
52.
Planche V.

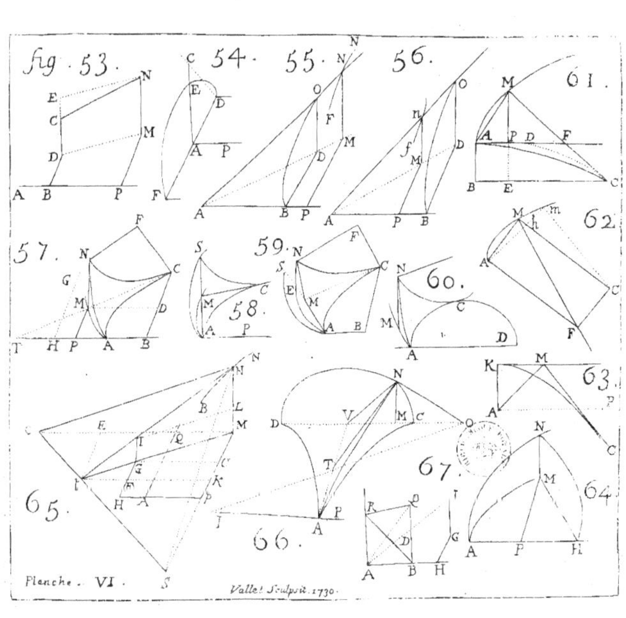
fig. 53.
54.
55.
56.
57.
58.
59.
60.
61.
62.
63.
64.
65.
66.
67.
Planche . VI .
Vallet Sculpsit . 1730.

www.ingramcontent.com/pod-product-compliance
Ingram Content Group UK Ltd.
Pitfield, Milton Keynes, MK11 3LW, UK
UKHW021051260726
13994UKWH00002B/507